Java/JSP 程序设计简明实训教程

张道海　金　帅　张海斌　申　彦　**编著**

东南大学出版社

·南京·

内容提要

本书是根据 JavaEE 技术及应用课程的教学要求而编写的学习指导书。全书结合 Java 目前流行的应用开发涉及的相关技术内容展开，涉及了 J2SE、J2EE、J2ME 各个方面，目的是希望能够使读者掌握不同应用程序开发的原理和方法，引导读者能在不同开发需求下进一步学习。主要包括三部分内容：第一部分，Java 编程基础篇，通过实验案例指导学生了解和掌握 Java 编程必备的一些基础知识；第二部分，Java 篇，通过实验案例指导学生掌握使用 Java/JSP 编程的相关技术；第三部分，Java/JSP 编程实践篇，通过一个完整的 B2C 电子商城使学生能综合运用所学知识来实现基于 Web 的 Java 系统应用。其中第一、二部分作为课程讲解配套实训教程；第三部分作为课程设计综合实训教程。

本书简明扼要，通俗易懂，即学即用，各知识点都有相应的实例，注重知识的系统性、连贯性和规范性。本书在编写的时候考虑到 Java 主流的技术架构是 JDK + Eclispe，并整合了 tomcat、mysql、struts、hibernate 以及 eclipseme 等第三方插件，简化程序的编写、编译和运行，实验案例短小精悍，便于模仿学习，能够使读者短时间内快速掌握相关技术框架的原理。本书可作为计算机应用、信息管理与信息系统、电子商务等本科学生以及高职高专类学生学习 Java/JSP 技术的教学实训指导用书，也可作为 Java/JSP 技术培训班的教学指导用书和 Java 爱好者的学习指导用书。

图书在版编目（CIP）数据

Java/JSP 程序设计简明实训教程 / 张道海等编著. —南京：东南大学出版社，2015.7（2019.7 重印）

ISBN　978 - 7 - 5641 - 5838 - 5

Ⅰ. ①J… 　Ⅱ. ①张… 　Ⅲ. ①Java 语言—程序设计—高等学校—教材　②Java 语言—网页制作工具—高等学校—教材　Ⅳ. ①TP312　②TP393.092

中国版本图书馆 CIP 数据核字（2015）第 134933 号

Java/JSP 程序设计简明实训教程

出版发行	东南大学出版社
社　　址	南京市四牌楼 2 号（邮编：210096）
出 版 人	江建中
责任编辑	黄　惠
经　　销	全国各地新华书店
印　　刷	虎彩印艺股份有限公司
开　　本	787mm × 1092mm　1/16
印　　张	13.25
字　　数	322 千字
版　　次	2015 年 7 月第 1 版
印　　次	2019 年 7 月第 2 次印刷
书　　号	ISBN　978 - 7 - 5641 - 5838 - 5
定　　价	36.00 元

本社图书若有印装质量问题，请直接与营销部联系，电话：025 - 83791830。

前　言

　　Java 技术已经深入企业管理系统、教育科学研究等各个领域,而基于 B/S 架构的 J2EE 技术集已成为目前主流的企业管理系统开发框架。本书紧紧围绕"实用、简明"为指导方针,注重内容的连续性和系统性。本书各个知识点内容均结合相应实验案例,并配有图表,尽可能使读者学习时不感到吃力疲倦,在轻松学习中获取知识。

　　要想成为一名成功的 Java 程序员,必须要掌握系统环境的架构与配置、HTML、JScript、Java、JSP、Servlet、JavaBean、JDBC、Struts、Hibernate 等内容。本书即按照这个思路去编写,从编程体系上分为三个部分共 14 章。考虑到不同的专业对 Java 的教学安排可能并不一样,比如有的将 Java 分为 Java 基础教学和 JSP 应用教学两个部分,因此根据教学课时数,可以有选择地分配教学内容。

　　第一部分　Java 编程基础篇。详细介绍了 Java 编程必备的一些基础知识。

　　第 1 章　Java 环境的构建,详细介绍了目前主流的系统开发环境的构建与配置,并兼顾到目前流行的移动应用开发。详细描述了 J2SE、J2EE 和 J2ME 的三种应用程序的开发过程。

　　第 2 章　HTML 语言,这是 Web 编程必备基础,本章详细介绍了网页设计中最常用的一些标记符的使用。

　　第 3 章　CSS 技术,Web 页面设计中,页面的美化是重要内容,本章详细介绍了层叠样式表的定义和使用。

　　第 4 章　JScript 语言,详细介绍了 JScript 的相关知识,通过编写客户端的程序,减少了服务器端的负担。

　　第二部分　Java 篇。详细介绍了 Java 程序设计以及 JSP 的相关知识。

　　第 5 章　Java 程序基础,详细介绍了 Java 的语言基础、面向对象程序设计、异常处理等。

　　第 6 章　JSP 程序设计,详细介绍了 JSP 的页面结构、JSP 的内置对象等。

　　第 7 章　文件操作,详细介绍了在 Java 环境下,如何实现对文件的写入和读取操作。

　　第 8 章　Servlet 技术,详细介绍了 Servlet 环境的运行和配置、Servlet 与用户的交互等。

　　第 9 章　JavaBean 技术,详细介绍了 JavaBean 的使用、JSP 设计模式等。

第 10 章　Java 数据库程序设计,详细介绍了 SQL 语言以及 MySQL 数据库的应用、在 Java 数据库程序设计中用到的相关对象、事务处理等。

第 11 章　图形用户界面,详细介绍了 Java GUI 程序设计以及事件处理过程。

第 12 章　Struts 技术,详细介绍了 Struts 环境的安装和配置过程,并通过案例讲解如何利用 Struts 框架来构建应用程序的架构。

第 13 章　Hibernate 技术,详细介绍了 Hibernate 环境的安装和配置过程,并通过案例讲解如何通过 Hibernate 来实现关系数据库和对象之间的映射。

第三部分　Java/JSP 编程实践篇。以典型的 B2C 系统为例,详细介绍了其开发过程。

第 14 章　B2C 电子商城。详细介绍了该系统的架构以及功能模块的设计与开发,短小而相对完整,便于读者模仿和学习。

本书在编写过程中主要依据 Sun 公司的 Java 开发标准,同时参考了相关书籍文档以及代码,文中恕不一一标注出处,其原文版权属于原作者,特此声明,并结合自己多年教学实践的积累,最终得以完成。

由于本书编写的时间和作者自身水平有限,书中难免有不足之处,敬请广大读者批评指正。

笔者

2015 年 4 月于镇江

目　录

第一部分　Java 编程基础篇

第三部分　Java/JSP 编程实践篇

第一部分

Java 编程基础篇

第1章　Java 环境的构建

通过本章内容学习和练习,初步使学生掌握 Java 环境、JSP 环境、J2ME 环境的安装与配置,为后续课程内容学习打下基础。本教程基于 Windows 8 操作系统,构建 JDK + Eclipse + Tomcat 环境。

学习目标:

(1) 了解 Java/JSP/J2ME 环境的安装与配置;

(2) 掌握 Eclipse 环境,建立项目;

(3) 初步了解 Java 应用程序、JSP 程序、J2ME 程序的编写过程。

1.1　Java 运行环境的构建

1.1.1　JDK 的安装与配置

Sun 公司为我们提供了免费的 JDK,可以在网站上搜索下载最新版本,本教程使用的版本是 jdk-6u41-windows-i586.exe,运行该文件,在弹出的安装向导窗口中顺次选择【Next】、【Yes】、【Finish】等操作,直至安装完毕。注意:为了便于后面的配置,我们将 JDK 安装在 d:\jdk 目录下,安装后在该目录下形成如图 1.1 所示的目录文件结构。

图 1.1　Java 目录文件结构

JDK 安装好了,需要设置环境变量:Java_Home、Path(不区分大小写)。方法:在桌面上

右击   图标,在显示的右键菜单中选择【属性】,然后在弹出的【系统属性】窗口中选择

【高级】【环境变量】,弹出窗口如图 1.2 所示。

图 1.2   系统环境变量配置

在环境变量窗口【系统变量(S)】中,新建环境变量【java_home】,设置值如图 1.3 所示。

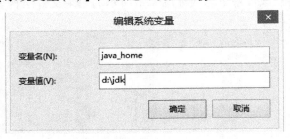

图 1.3   环境变量 java_home 设置

【Path】环境变量已经存在,在【系统变量(S)】中找到该变量,设置值如图 1.4 所示。

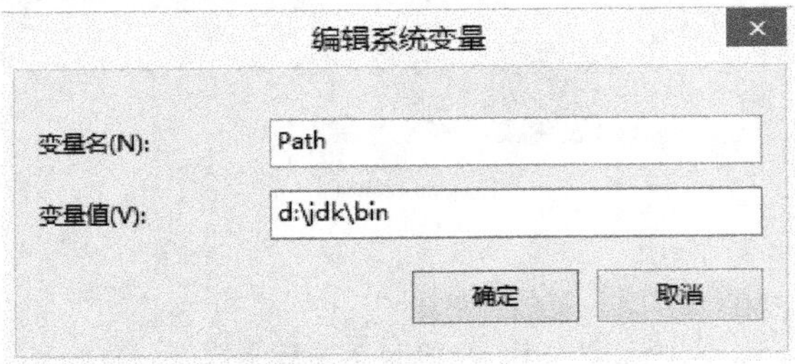

图 1.4   环境变量 path 设置

至此,JDK 的安装与配置就完成了。是不是觉得很简单呢? 这只是第一步,JDK 的安装只是使本机具有了运行 Java 程序的能力,但如何编辑和运行 Java 程序,还需要安装和配置开发环境。目前,Java 的编辑工具很多,如 JCreator、JBuilder、Editplus、Eclipse 等,甚至是Window 的记事本。Eclipse 是专业和非专业人士的首选 Java 集成开发工具,支持跨平台以及第三方插件。

1.1.2　Eclipse 的安装与配置

Eclipse 是著名的跨平台 Java 编辑容器,提供 J2SE、J2EE、J2ME 开发支持的三个版本,为了满足个性化的需求,还支持第三方插件,本教程使用的版本是 eclipse-jee-juno-SR1-win32. zip,支持 J2EE 的开发,不但可以创建 J2SE 项目,还可以创建 J2EE 项目。该软件包可以在官网http://www. eclipse. org 上下载。Eclipse 的安装很简单,只需将该软件包解压即可,本教程将其解压到 d:\根目录下,解压后形成如图 1.5 所示的目录结构。

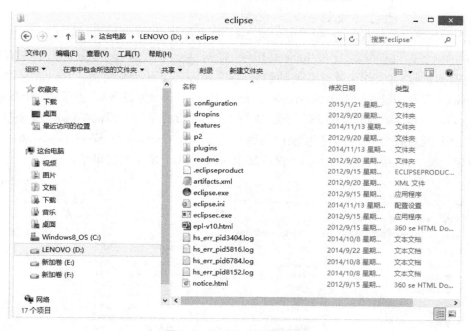

图 1.5　Eclipse 的目录结构

如果仅仅写 Java 的应用程序,现在就可以运行 eclipse. exe 文件新建 Java 项目了。初次启动 Eclipse 需要设置自己默认的工作空间(workspace),本教程设置为 D:\workspace 为项目原始文件保存的默认文件夹,如图 1.6 所示,并将左下角复选框选中,下次就不再询问了。单击【OK】即可启动 Eclipse。

本教程不仅适合构建 Java 项目的学习,还适合使用 Java 技术来构建 Web 项目的学习,因此下一节将介绍 JSP 运行环境的安装与配置。

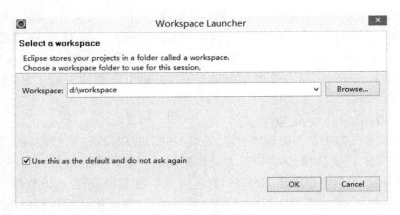

图 1.6　Eclipse 启动

1.1.3　JSP 运行环境的安装与配置

构建 JSP 程序的执行环境,除了要安装 Java 的运行环境,还需要有运行 JSP 的 Web 服务器。JSP 的服务器也有很多,比如 Tomcat、JBoss、WebLogic、WebSphere、Resin 等,其中有些是免费的,还有些是收费的,作为软件发展的趋势,越来越倾向于开源和免费。Tomcat 是由 Sun 公司和 Apache 开发小组共同提出的 Apache Jakarta Project 下的免费产品,为了使 JSP/Servlet 能够与 Apache 一起运行而开发的 JSP 容器,支持 J2EE 项目的运行。目前 Tomcat 服务器有安装版和解压版,最新版为 7.0。本教程使用的版本是 apache-tomcat-7.0.37-windows-x86.zip,该软件包为绿色版本,直接将其解压到 d:\根目录,形成如图 1.7 所示的目录结构。

图 1.7　Tomcat 安装生成目录

Tomcat 服务器默认为 8080 为其服务端口号,进入 bin 目录,找到 startup.bat 文件,双击打开,出现如图 1.8 所示窗口,即表示服务启动成功。

图 1.8　Tomcat 服务启动

　　Tomcat 的项目发布目录为 webapps,webapps 目录下的 ROOT 目录为 Tomcat 服务器的默认目录。打开浏览器,输入:http://localhost:8080,则会自动运行 webapps/ROOT 目录下的 index.jsp 文件,如图 1.9 所示。

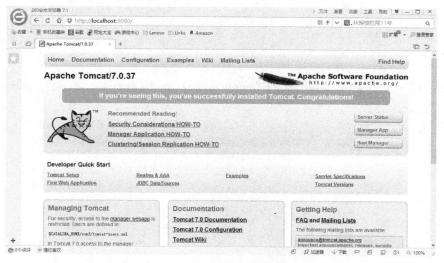

图 1.9　Tomcat 服务器执行默认主页面

　　当然,也可将 Tomcat 整合到 Eclipse 环境下,这样程序调试时由 Eclipse 自动加载 Tomcat 服务器。本教程提供的 Tomcat 第三方插件为 tomcatPluginV321.zip,将其解压,拷贝其下目录和内容 com.sysdeo.eclipse.tomcat_3.2.1 复制到 eclipse 的 plugins 目录下。重新启动 eclipse,可以看到工具栏上出现了如图 1.10 所示图标,即表示 tomcat 插件加载成功(提示:如果看不到这个图标,可以将 com.sysdeo.eclipse.tomcat_3.2.1 拷贝到 eclipse 的 dropins 目录下,再重新启动 eclipse 试试,居然成功了,是不是很欣慰呢,有时候就是这么莫名其妙)。

图 1.10　eclipse 启动加载项

接下来,还要在 Eclipse 环境下,做些配置工作,打开菜单【Window】,单击【Preferences】,
弹出如图 1.11 所示界面。

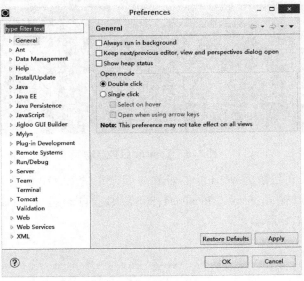

图 1.11　Eclipse 选项配置

在图 1.11 中点击【Tomcat】,配置【Tomcat home】,点击【Browse…】,选择 Tomcat 的根目
录,如图 1.12所示。

图 1.12　Tomcat 配置选项

接着展开【Tomcat】，点击【Advanced】，配置【Tomcat base】，点击【Browse...】，选择 Tomcat 的根目录，如图 1.13 所示。接着点击【Apply】按钮，保存设置。

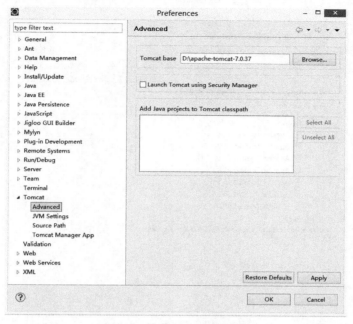

图 1.13 Advanced 配置选项

然后在该选项窗口中展开【Server】，点击【Runtime Environments】，如图 1.14 所示。

图 1.14 Runtime Environment 配置

在1.14窗口中,单击【Add...】,弹出如图1.15所示窗口,选择 Apache Tomcat v7.0,单击【Next >】,进入如图1.16所示界面。

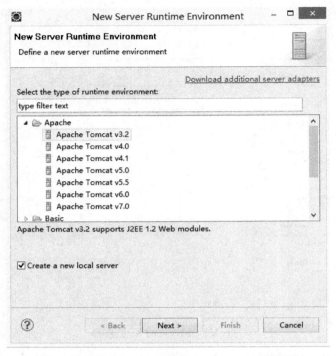

图1.15   New Server Runtime Environment 配置

在1.16窗口中,点击【Browse...】,选择 Tomcat 的根目录,点击【Finish】回到图1.14界面,点击【OK】完成 Eclipse 环境对 Tomcat 的整合。

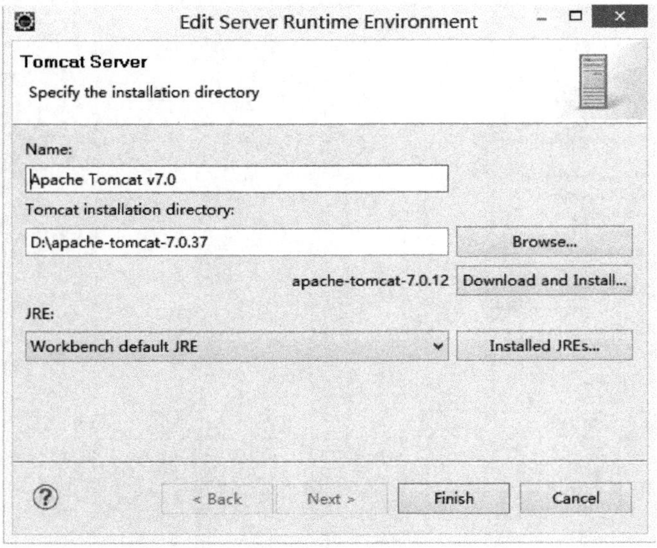

图1.16   Edit Server Runtime Environment 配置

这时，我们看到主界面 Project Explorer 中，多了 Servers 项，如图 1.17 所示，选择右下角 Servers 选项卡，双击 Tomcat v7.0 Server　at localhost ［Stopped，Republish］，出现如图 1.18 所示界面。

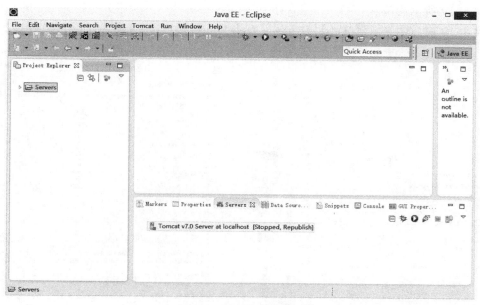

图 1.17　Eclipse 主界面

在图 1.18 界面中，选择 Server Locations 中的项目发布目录，按如图所示设置并保存，这样以后我们自己开发的项目将发布到 D：\apache-tomcat-7.0.37\webapps 目录中运行。

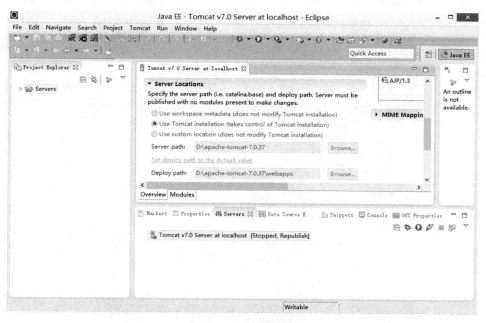

图 1.18　Server 配置

1.2　建立项目 MyExample

在 Eclipse 主界面 Project Explorer 空白处右击,弹出快捷菜单,选择【New】【Project】,弹出如图 1.19 所示窗口。

在 1.19 窗口中,选择【Web】【Dynamic Web Project】,点击【Next >】,进入如图 1.20 所示窗口。

图 1.19　New Project 窗口　　　　　图 1.20　New Dynamic Web Project 窗口

在 1.20 窗口中【Project name】中输入项目名:MyExample,点击【Finish】,即生成项目 MyExample,如图 1.21 所示。

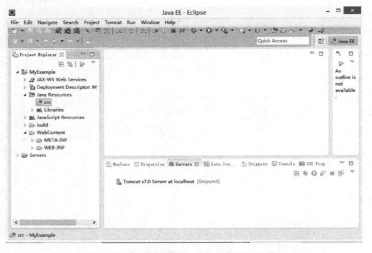

图 1.21　生成 MyExample 项目后主窗口

实际上一个项目名对应一个保存的文件夹,本教程已经设置 D:\workspace 目录为 Eclipse 的默认工作空间,因此项目里所有新建和自动产生的源文件都将保存在 D:\workspace\MyExample 目录中进行统一管理。

有了这个项目后,可以在该项目里创建和运行两类程序,一类是以.java 为扩展名的 Java 应用程序,这类文件保存在 Java Resources 的 src 目录中;另一类是以.jsp 为扩展名的 JSP 程序,这类文件保存在 WebContent 目录中。当然可以为这些目录建立子文件夹进行分类存放。下面以 Java 应用程序和 JSP 程序分别实现输出字符串"Hello World!"为例来讲解如何在 Eclipse 环境下编写和运行这两类程序。

1.3 以应用程序输出"Hello World!"

为了便于以后代码的调试,我们需要 Eclipse 环境能够将每行代码前显示行号,设置方法为:在 Eclipse 主窗口中选项【Window】【Preferences】,然后在弹出的选项窗口中选择【General】【Editors】【Text Editors】,如图 1.22 所示,选择 Show line numbers,单击【OK】回到主界面。

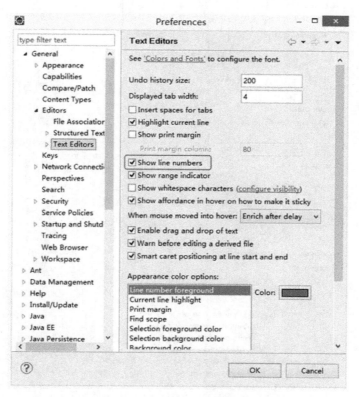

图 1.22 Text Editors 环境设置窗口

在图 1.21 生成的 MyProject 项目中,右击 Java Resources 中的 src 目录,弹出如图 1.23 所示窗口,在窗口中选择【New】【Class】,弹出如图 1.24 所示窗口。

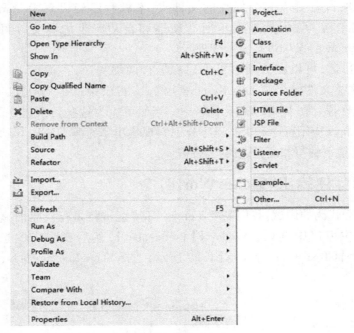

图 1.23　新建窗口

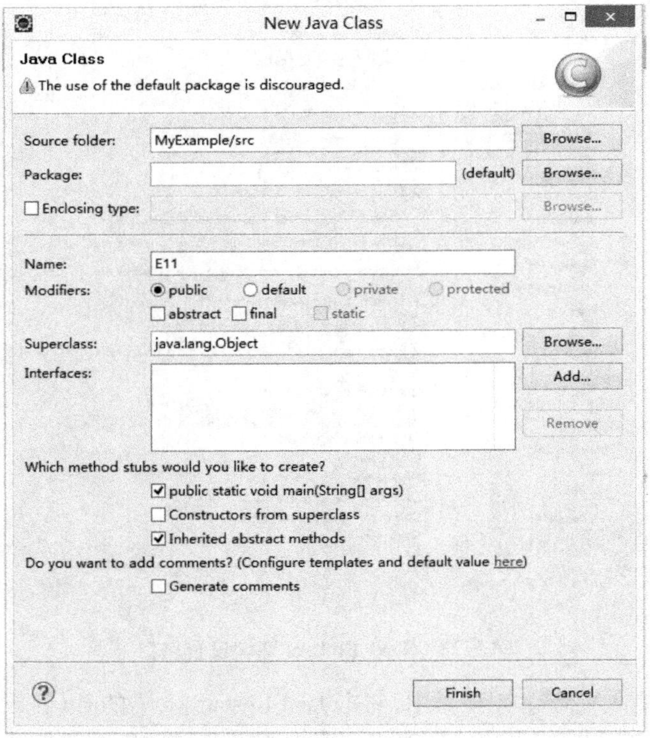

图 1.24　New Java Class 窗口

在图 1.24 窗口中,【Name】中输入 E11,即为 Java 应用程序的文件名,单击【Finish】,即生成如图 1.25 所示内容。

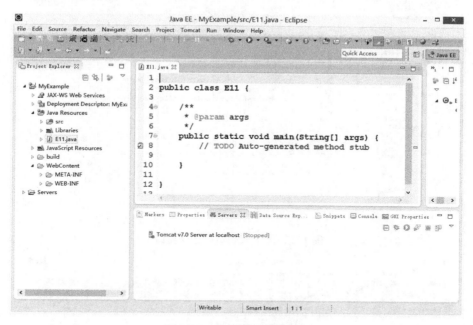

图 1.25　E11 代码编辑窗口

在图 1.25 窗口所示的 main( )主函数中(注:main( )是应用程序的入口函数,没有 main( )就不能作为应用程序直接运行),增加如图 1.26 所示代码,即完成该程序。

图 1.26　E11 程序代码

单击图 1.25 所示的 ▶ ▾ 下拉按钮,如图 1.27 所示,选择【Run As】【2 Java Application】即以应用程序直接运行该程序。

运行结果在 Console 控制台选项卡中直接输出结果,如图 1.28 所示。

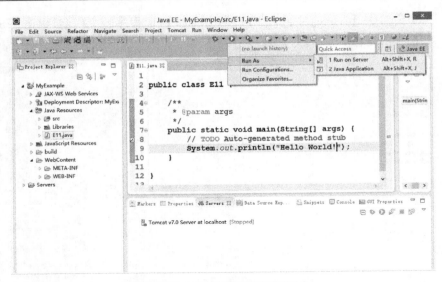

图 1.27   E11 代码运行选择窗口

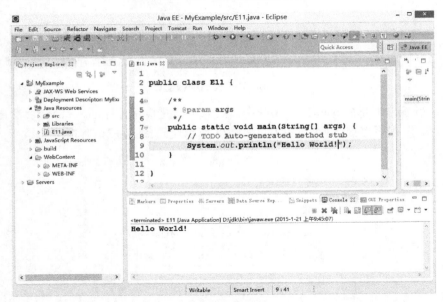

图 1.28   E11 代码运行结果

后面章节涉及 Java Application 文件的创建与运行,过程相同,请参考本节。

1.4   以 JSP 页面动态输出"Hello World!"

我们在写 JSP 程序时,往往会涉及中文字符,而 Eclipse 的代码默认为 ISO-8859-1,输入中文显示为乱码。为了后面程序编写的方便,我们需要先将 Eclipse 的环境改为支持中文的 GB18030 编码规范。建立方法:打开 Eclipse 主菜单中的【Window】【Preferences】的选项配置窗口,选择 Web 菜单下的 JSP Files,如图 1.29 所示,在 Encoding 右边下拉列表中选择【Chinese,National Standard】选项,单击【OK】按钮。以后就不用在每个程序代码中修改编码格式了,其他类型的文件也可参照此方法设置其编码格式。

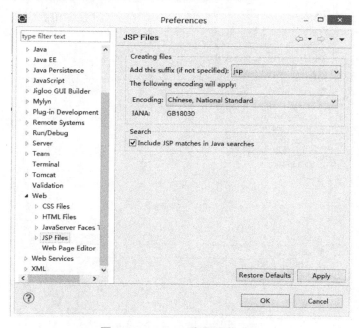

图 1.29　Eclipse 代码规范设置

同样,在图 1.21 生成的 MyProject 项目中,右击 WebContent 目录,弹出如图 1.30 所示窗口,在窗口中选择【New】【JSP File】,弹出如图 1.31 所示窗口。

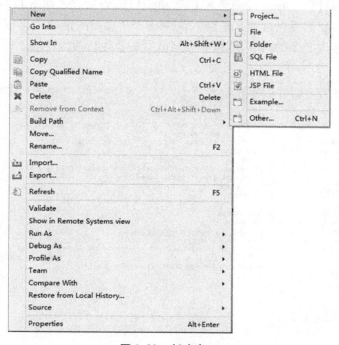

图 1.30　新建窗口

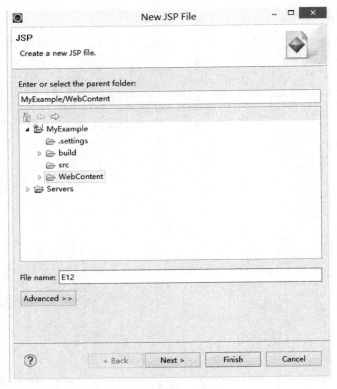

图 1.31　新建 JSP 窗口

在图 1.31 窗口【File name:】中输入 E12,单击【Finish】,进入如图 1.32 所示窗口。

在图 1.32 中,我们可以看到这里会默认生成 JSP 页面固定的代码框架,用户只需要在此基础上添加或修改必要的内容,即可完成自己所需要运行的程序。

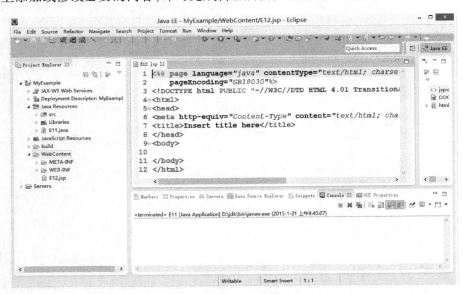

图 1.32　E12 代码编辑窗口

　　在图 1.32 代码编辑窗口中,增加如下内容,如图 1.33 所示。注意使用 < % ％ > 将 JSP
代码嵌入 HTML 标记符中,否则默认为 HTML 代码字符。

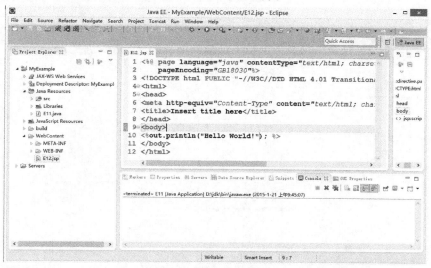

图 1.33　E12 代码编辑窗口

　　单击图 1.33 所示的 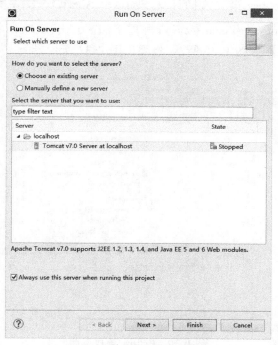 下拉按钮,选择【Run As】【1 Run on Server】即在服务器上运
行该程序,初次运行,会弹出如图 1.34 所示界面,按图所示进行配置选择,Eclipse 会自动加
载 Tomcat 服务器,如果服务器未启动将自动启动,如果已经启动将默认在该服务器上运行
JSP 程序,而无需重新启动服务器。

图 1.34　服务器设置窗口

按图 1.34 所示设置,单击【Finish】,Eclipse 会自动加载 Browse 浏览器,运行 E12. jsp 程序,运行结果如图 1.35 所示。

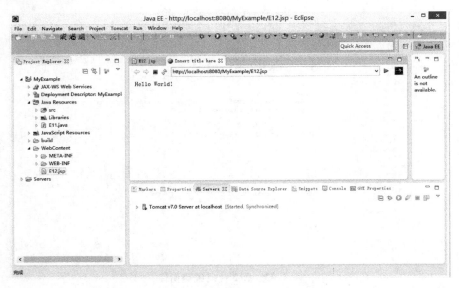

图 1.35　E12. jsp 运行结果

后面章节涉及 JSP 文件(包括 html 文件)的创建与运行,过程相同,请参考本节。

1.5　J2ME 环境构建

首先,需要下载 Eclipse 第三方插件 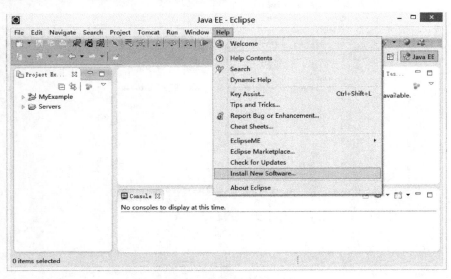 eclipseme.feature_1.7.9_site.zip,该插件可以在 http://sourceforge. net/projects/eclipseme 资源里下载。打开 Eclipse 集成环境,点击【Help】【Install New Software…】,如图 1.36 所示,将弹出图 1.37 所示界面。

图 1.36　Eclipse 集成环境

在图 1.37 所示窗口中,点击【Add...】,弹出图 1.38 所示窗口。

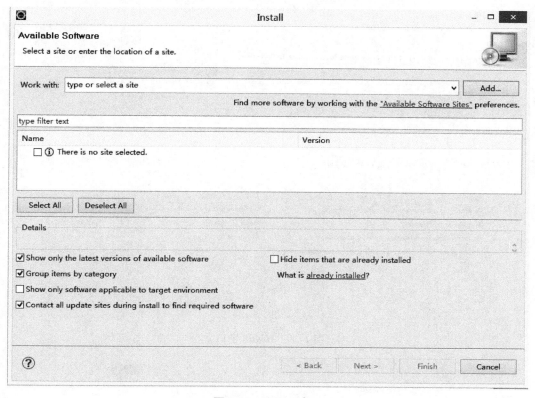

图 1.37 Install 窗口

在图 1.38 所示窗口中,选择【Archive...】,将下载到 d:\eclipseme 目录下的第三方插件加载进来,在【Name:】框中随便定义一个名字,点击【OK】,即进入如图 1.39 所示窗口。

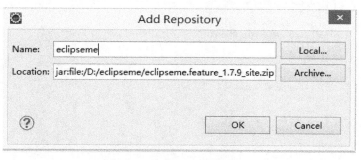

图 1.38 Add Repository 窗口

在图 1.39 中,选择 EclipseME 复选框,一直点【Next >】,最后同意协议,再点【Finish】,可以看到 Eclipse 的安装进度条,安装好,重启 Eclipse。

这时,我们再新建项目,选择【Other...】可以看到新建窗口向导中多出了 J2ME 项目,如图 1.40 所示。第三方插件 EclipseME 即完成安装。

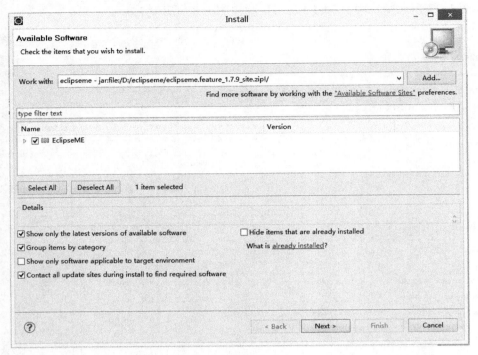

图 1.39   Install 窗口

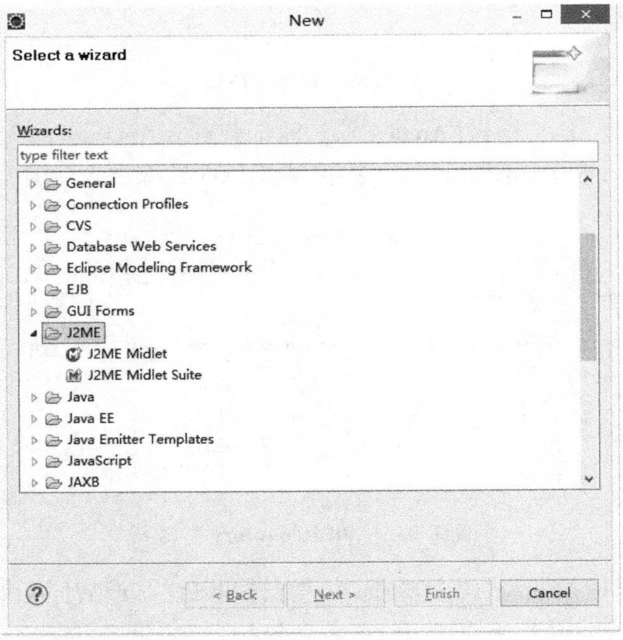

图 1.40   New 窗口

安装好 EclipseMe 插件后，还需要安装 J2ME 运行环境，本教程使用版本 sun_java_me_ sdk-3_0-win. exe，可以在 http://java. sun. com/products 资源里下载。双击该程序，将其安装

在默认路径下即可,如图1.41所示。

图1.41　J2ME环境安装生成目录

下面需要将J2ME环境配置到Eclipse环境中,点击【Window】【Preferences...】,弹出如图1.42所示窗口。

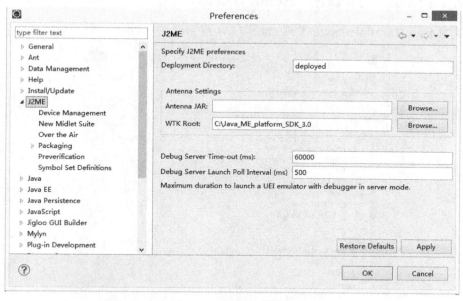

图1.42　J2ME环境配置

在图1.42中,设置【WTK Root:】为J2ME安装根目录c:\Java_ME_SDK_3.0,然后选择【Device Management】,点击【Import...】,如图1.43所示。

在图1.43【Import Devices】【Specify Search directory:】中选择C:\Java_ME_platform_SDK

_3.0 目录,点击【Refresh】按钮,将 J2ME 的模拟设备导入,点击【Finish】即完成。至此 Eclipse 配置 J2ME 环境就好了,可以直接编写 J2ME 程序了。

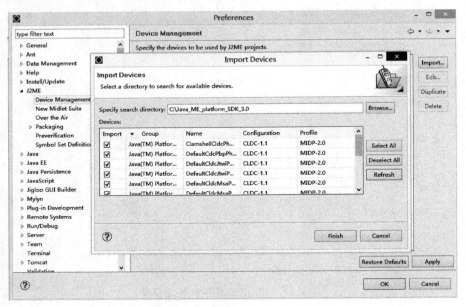

图 1.43　Device Management 环境配置

1.6　以 J2ME 程序输出"Hello World!"

新建项目 J2ME Midlet Suite 类型,如图 1.44 所示。

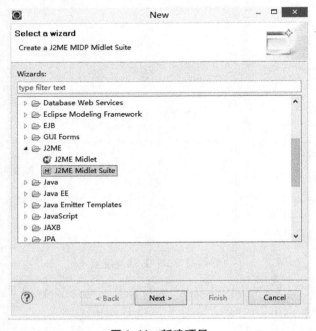

图 1.44　新建项目

在图 1.44 中,单击【Next >】,进入如图 1.45 所示窗口,输入项目名:J2ME_Example,一直单击【Next >】【Next >】,直至【Finish】,生成项目如图 1.46 所示。

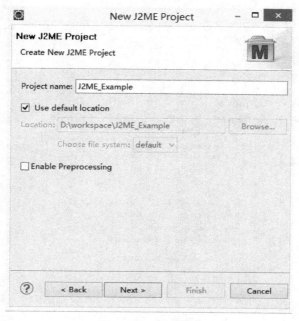

图 1.45　项目创建

在图 1.46 所示项目中,右击 src,新建 J2ME Midlet 应用程序,如图 1.47 所示。

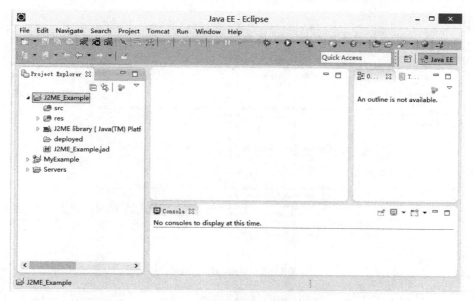

图 1.46　项目生成

按图 1.47 所示,输入程序名:HelloMid,点击【Finish】即生成文件 HelloMid.java,如图 1.48 所示。

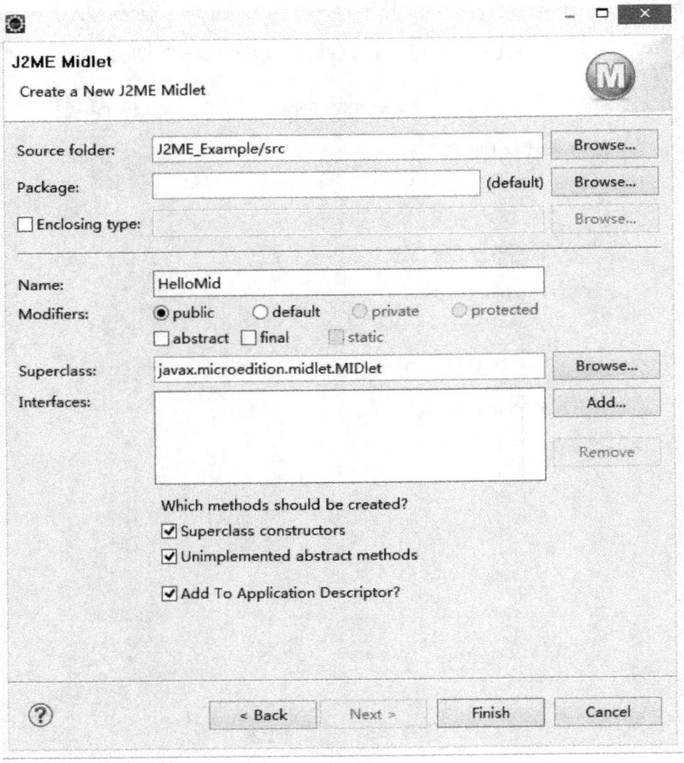

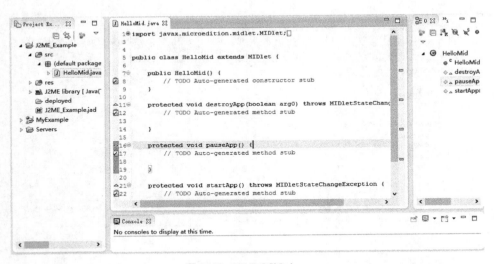

图 1.47　程序创建

图 1.48　HelloMid. java

　　这是一个继承了 MIDlet 的应用,初始代码为默认,现在就可以在模拟器中运行了,右击程序 HelloMid. java,如图 1.49 所示,选择【Run As】【2Emulated J2ME Midlet】,运行结果如图1.50 所示。

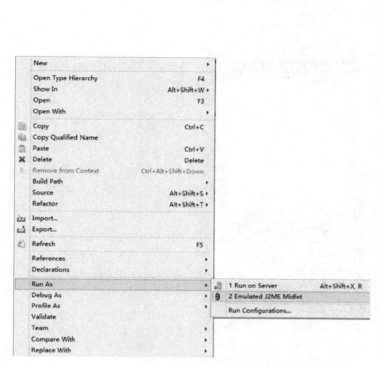

图 1.49 运行程序   图 1.50 运行结果

现在,我们需要添加代码,使得手机能显示字符串"Hello World!",代码添加如图 1.51
所示。

```
    9⊕    public HelloMid() {
 10        // TODO Auto-generated constructor stub
 11    }
 12
 13⊕    protected void destroyApp(boolean arg0) throws MIDletStateChangeException {
 14        // TODO Auto-generated method stub
 15
 16    }
 17
 18⊕    protected void pauseApp() {
 19        // TODO Auto-generated method stub
 20
 21    }
 22
 23⊕    protected void startApp() throws MIDletStateChangeException {
 24        // TODO Auto-generated method stub
 25        TextBox textbox = new TextBox("测试程序", "Hello World!", 120, 0);//创建文本框对象
 26        Display.getDisplay(this).setCurrent(textbox);//模拟设备显示文本框
 27
 28
 29    }
 30 }
```

图 1.51 代码窗口

再次运行该程序,结果如图 1.52 所示。

图 1.52　"Hello World!"运行结果

1.7　课后练习

（1）新建项目 MyProject。

（2）在项目中新建 Test. java 程序,输出自己的名字。

（3）在项目中新建 Test. jsp 程序,输出自己的名字。

（4）创建 J2ME 项目 J2MEApp,创建 MIDTest. java,输出自己的名字。

第 2 章　HTML 语言

通过本章内容学习和练习,使学生掌握常用 HTML 标记符的使用,HTML 是 Web 编程必备的重要语言之一。

学习目标:

(1) 掌握 HTML 的基本语法;

(2) 掌握常用的标记符进行文本、图片、链接、表格、框架等内容的定义与使用;

(3) 掌握客户端窗体界面的基本元素的定义与生成。

2.1　HTML 标记的基本语法

2.1.1　HTML 的语法

语法一:成对标记

<标记符 属性 1 = "值 1" 属性 2 = "值 2"…> 显示的内容 </标记符>

语法二:非成对标记

<标记符 属性 1 = "值 1" 属性 2 = "值 2"…> 显示的内容

或

显示的内容 <标记符 属性 1 = "值 1" 属性 2 = "值 2"…>

2.1.2　HTML 的整体结构

本章创建 HTML 类型文件,由客户端浏览器解释执行,因此无需 Tomcat 服务器,可直接通过浏览器打开。本教程为了编写调试方便,统一在 Eclipse 整合 Tomcat 环境下编写运行。

实验内容:HTML 网页框架程序名称 E21. html

```
<HTML> <! －－告知浏览器下面的内容为 HTML 文档－－>
  <HEAD> <! －－告知浏览器下面的内容为 HTML 文档的头部－－>
   <TITLE> </TITLE> <! －－定义 HTML 文档的显示标题－－>
  </HEAD> <! －－告知浏览器 HTML 文档头部定义结束－－>
  <BODY> <! －－告知浏览器下面的内容为 HTML 文档的身体部分－－>
  </BODY> <! －－告知浏览器 HTML 文档的身体部定义结束－－>
</HTML> <! －－告知浏览器 HTML 文档定义结束－－>
```

说明:

(1) HTML 语法不区分大小写。

(2) <! －－注解说明－－>浏览器忽略解释。

(3) HTML 标记大部分为成对标记,以后如不作特殊说明,均指成对标记。

2.2　HEAD 头标记

实验内容:**HEAD 头标记程序名称 E22. html**

```
< HTML >
< HEAD >
  < META NAME = "Description"  CONTENT = "The Page Of HTML" >
  < META NAME = "Keywords"  CONTENT = "Good , Better , Best" >
  < META HTTP-EQUIV = "Content-type"  CONTENT = "Text/html ; charset = gb2312" >
  < META NAME = "Author"  CONTENT = "Zhou RunFa" >
  < META HTTP – EQUIV = "Refresh"  CONTENT = "3 ; URL = http ://www. ujs. edu. cn" >
<TITLE> 我的第一页面 </TITLE>
</HEAD>
< BODY > </BODY >
</HTML >
```

运行结果如图 2.1 所示,刚开始显示空白页面,3 秒后打开江苏大学主页。

图 2.1　E22. html 运行结果

2.3　文本格式标记

2.3.1　< body > 标记

实验内容:**使用格式标记程序名称 E23. html**

```
< HTML >
< BODY bgcolor = "#0000ff" text = "#000000" link = "#ff0000" alink = "00ff00" vlink = "#000000" background = "bg. jpg" >
  我们伟大的祖国
</BODY>
</HTML >
```

运行结果如图 2.2 所示。注意首先保证当前目录下有 bg. jpg 背景图片,另外,有了背景图片,bgcolor 背景颜色将被覆盖。text 属性为文本颜色,link 为超级链接文本颜色,alink 为点击链接时文本颜色,vlink 为链接被点击后文本颜色。

2.3.2　< br > 标记

换行标记,非成对标记。

图 2.2　E23. html 运行结果

2.3.3　＜P＞标记

段落标记，＜/p＞可省略。

2.3.4　＜h1＞~＜h6＞标记

标题标记，文字将自动加粗，＜h1＞最大，＜h6＞最小。

2.3.5　＜font＞标记

实验内容:使用字体标记程序名称 E24. html

```
＜HTML＞＜BODY＞
  ＜FONT FACE = "隶书" SIZE = "5" COLOR = "Blue"＞
  本书的特色是以案例为主,全书有若干个完整的案例。
  ＜/FONT＞
＜/BODY＞
＜/HTML＞
```

运行结果如图 2.3 所示。

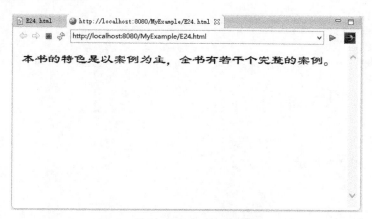

图 2.3　E24. html 执行结果

2.3.6　＜hr＞标记

显示水平线,非成对标记。

实验内容:使用水平线标记程序名称 E25. html

```
<HTML > <BODY >
  <hr align = "left" width = "50%" size = "1" color = "#ff0000" >
</BODY > </HTML >
```

运行结果如图 2.4 所示。

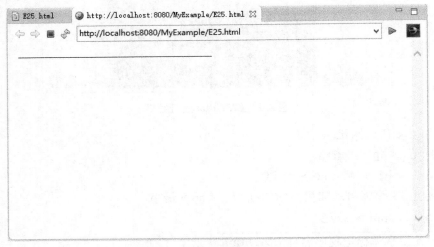

图 2.4   E25. html 执行结果

2.3.7   <center>标记

居中对齐标记。

2.3.8   有序列表<ol>和无序列表<ul>标记

实验内容:使用列表程序名称 E26. html

```
<HTML >  <BODY >
  有序列表 <OL >
  <LI>热爱祖国</LI>
  <LI>热爱人民</LI>
  </OL>
  无序列表 <UL >
  <LI>热爱祖国</LI>
  <LI>热爱党</LI>
  </UL>
  </BODY > </HTML >
```

运行结果如图 2.5 所示。

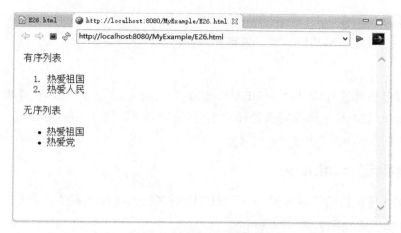

图 2.5　E26. html 执行结果

2.4　插入图像标记 < img >

非成对标记。

实验内容:使用图片标记程序名称 E27. html

```
< HTML >
< BODY >
  < IMG SRC = "bg. jpg" WIDTH = "200" HEIGHT = "100" BORDER = "0" >
</BODY >
</HTML >
```

运行结果如图 2.6 所示。

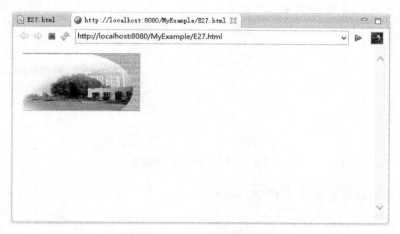

图 2.6　E27. html 执行结果

2.5　插入音乐控制组件 < embed >

实验内容:使用音乐标记程序名称 E28. html

```
< HTML >
< BODY >
  < EMBED SRC = "xxx. mp3" WIDTH = "200" HEIGHT = "50" > </EMBED >
</BODY >
</HTML >
```

若设置页面的背景音乐,须在 < HEAD > 标记中加入 < bgsound > 标记,并将 xxx. mp3 文件放置在当前目录中,loop 属性定义循环次数,若值设为 − 1,表示无限次循环。

`< bgsound src = "xxx. mp3" loop = " − 1" >`

2.6   表格标记 < table >

< TABLE > 是表格的基本标记, < TR > 代表表格的行, < TD > 代表表格的列。

实验内容:基本表格程序名称 E29. html

```
< HTML > < BODY >
  < TABLE BORDER = "1" >
    < TR > < TD > 第一行第一列 </TD > < TD > 第一行第二列 </TD > </TR >
    < TR > < TD > 第二行第一列 </TD > < TD > 第二行第二列 </TD > </TR >
    < TR > < TD > 第三行第一列 </TD > < TD > 第三行第二列 </TD > </TR >
  </TABLE >
</BODY > </HTML >
```

运行结果如图 2.7 所示。

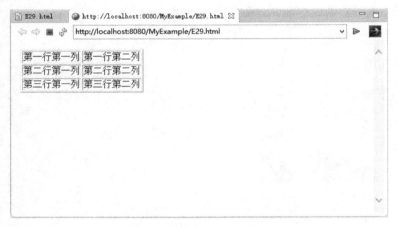

图 2.7   E29. html 执行结果

实验内容:跨行和跨列程序名称 E210. html

```
< HTML > < BODY >
  < TABLE BORDER = "1" >
    < TR >
      < TD ROWSPAN = "2" > 跨两行 </TD >
      < TD COLSPAN = "2" > 跨两列 </TD >
    </TR >
    < TR >
```

```
        < TD > 1000 </TD >
        < TD > 1000 </TD >
      </TR >
      < TR >
        < TD > 3000 </TD >
        < TD > 2000 </TD >
        < TD > 4000 </TD >
      </TR >
    </TABLE >
</BODY > </HTML >
```

运行结果如图 2.8 所示。

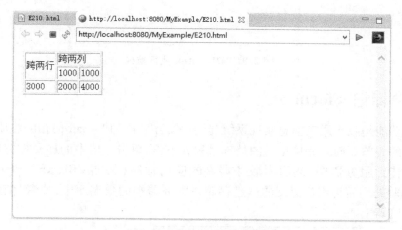

图 2.8　E210.html 执行结果

说明：

（1）Border 属性用来设定表格外框的宽度，默认为 1。若设为 0，表格的边框隐藏不显示，目的是对内容进行排版。

（2）表格中可以再嵌套表格，在一般的网页设计中，表格的层层嵌套是非常普遍的。

（3）单元格不但可以显示文本，还可以显示图片动画等。

2.7　超级链接 < a >

实验内容：使用超级链接程序名称 E211. html

```
< HTML >
< BODY >
< A HREF = "E30. html" > 上一个页面 </A > < BR >
< A HREF = "http://www. ujs. edu. cn"  target = "_blank" > 江苏大学 </A >
</BODY >
</HTML >
```

运行结果如图 2.9 所示。

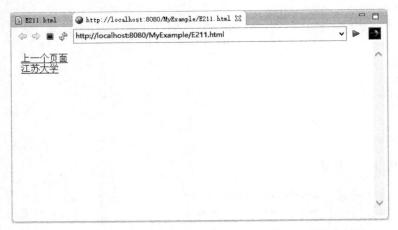

图 2.9   E211. html 执行结果

2.8   表单标记 < form >

表单的功能是收集用户信息实现系统与用户交互。比如 E-mail 信箱的注册页面就是一个十分典型的表单页面。表单信息的处理过程如下:当单击表单中的提交按钮时,表单中的信息就会上传到服务器中,然后由服务器端的应用程序(例如 CGI,ASP,PHP,JSP,Servlet 等)进行处理,处理后将用户提交的信息存储在服务器端的数据库中,或者将有关信息返回到客户端浏览器上。

实验内容:表单的基本使用方法程序名称 E212. html

```
< HTML > < BODY >
 < FORM  METHOD = "Post"  ACTION = " " >
 用户名:< INPUT TYPE = "Text"  NAME = "UserID" >  < BR >
 密码:< INPUT TYPE = "Password"  NAME = "UserPWD" > < BR >
 性别:< INPUT TYPE = "RADIO"  NAME = "UserXB"  VALUE = "男"  CHECKED > 男
   < INPUT TYPE = "RADIO"  NAME = "UserXB"  VALUE = "女" > 女 < BR >
 爱好:< INPUT TYPE = "CHECKBOX"  NAME = "UserAH1"  VALUE = "basketball" > 篮球
   < INPUT TYPE = "CHECKBOX"  NAME = "UserAH2"  VALUE = "football" > 足球 < BR >
 职业:< SELECT NAME = "UserZY" >
   < OPTION VALUE = "教师" > 教师 </OPTION >
   < OPTION VALUE = "学生" > 学生 </OPTION >
 </SELECT >  < BR >
 意见:< TEXTAREA NAME = "UserYJ"  COLS = "45"  ROWS = "5" >
   </TEXTAREA >  < BR >
   < INPUT TYPE = "Submit"  VALUE = "提交"  NAME = "B1" >
   < INPUT TYPE = "Reset"  VALUE = "重写"  NAME = "B2" >
 </FORM >
</BODY > </HTML >
```

运行结果如图 2.10 所示。在常用的表单制作过程中,经常遇到的是按钮制作、输入元素的制作等。常见的表单控件包括文本框、密码框、多选框、单选框、组合框、下拉列表框和多行文本框,等等。

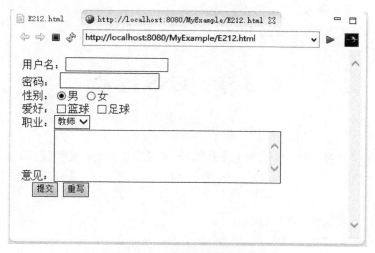

图 2.10　E212. html 执行结果

2.9　框架标记 < frameset >

实验内容:框架的基本使用方法程序名称 E213. html

```
< FRAMESET COLS = "25% , * " FRAMEBORDER = "1" >
  < FRAME NAME = "LEFT" SRC = "E211. html" NORESIZE >
  < FRAME NAME = "MAIN" SRC = "E212. html" >
</FRAMESET >
```

运行结果如图 2.11 所示。我们看到页面嵌入了 E211. html 和 E212. html,并分别显示为左右两部分。

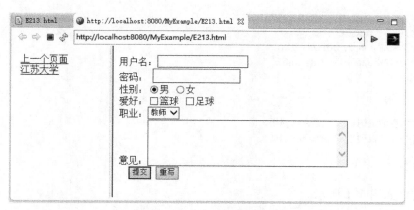

图 2.11　E213. html 执行结果

2.10　课后练习

以 HTML 页面形式建立个人网站,介绍自己的基本信息、爱好特长以及与主流门户网站的链接导航。

第 3 章　CSS 技术

通过本章内容学习和练习,使学生掌握 CSS 的基本语法、定义和使用,这是 Web 编程中必备的重要技术之一。

学习目标:

(1) 掌握 CSS 定义的基本语法;

(2) 掌握 CSS 定义的方式;

(3) 掌握 CSS 样式的使用。

3.1　CSS 概述

CSS(Cascading Style Sheets)中文翻译为层叠样式表单,简称样式单,是近些年才发展起来的新技术,它可以将有关文档样式与文档内容分开,甚至可作为外部文件供 HTML 调用,简化页面的排版,并可在多个页面中进行共享使用,保持多个页面样式的协调统一。

CSS 样式规则为:选择符{属性:值},选择符的复合样式声明应该用分号隔开,如:选择符{属性 1:值 1;属性 2:值 2}。

实验内容:使用 CSS 程序名称 E31. html

```
< HTML >
  < HEAD >
    < STYLE TYPE = " TEXT/CSS " >
      H1 {FONT-SIZE: 36px; COLOR: RED}
      H2 {FONT-SIZE:32px; COLOR: BLUE}
    </STYLE >
  </HEAD >
  < BODY >
    < H1 >中国,我的祖国! H1 显示的 </H1 >
    < H2 >中国,我的祖国! H2 显示的 </H2 >
  </BODY >
</HTML >
```

运行结果如图 3.1 所示。

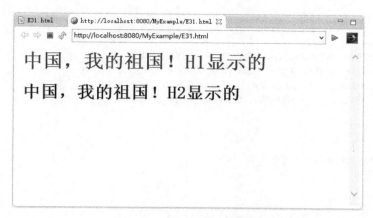

图 3.1　E31. html 执行结果

3.2　定义 CSS 的方式

3.2.1　标记重定义

HTML 标记符属性都有自己默认的样式,我们可以对标记符的属性进行重新定义,以满足个性化的需要。如代码:

P {BACKGROUND:YELLOW}

H1 {FONT-SIZE:36px;COLOR:RED}

3.2.2　类定义

类的定义以点符号(.)开头,后面跟上用户自己定义的名字。如代码:

. LITTLERED {COLOR:RED;FONT-SIZE:18px}

. LITTLEGREEN{COLOR:GREEN;FONT-SIZE:18px}

类选择符使用方法:< 标记符 CLASS = "类选择符" > 内容 </ 标记符 >

3.2.3　ID 标识定义

ID 标识定义以符号(#)开头,后面跟上用户自己定义的名字。如代码:

#IDN {COLOR:RED}

ID 选择符使用方法:< 标记符 ID = "ID 选择符" > 内容 </ 标记符 >

3.2.4　定义超级链接

默认状态下,超级链接的文字样式在点击之前、点击过程中或点击后样式可能发生改变,给页面的整体显示带来不一致现象,因此实际中,需要对超级链接标记符进行样式的重新定义。如代码:

A:LINK{COLOR:#000000 ;FONT-SIZE:12px;TEXT-DECORATION:NONE}

A:HOVER{COLOR:#000000;FONT-SIZE:12px;TEXT-DECORATION:NONE}

A:ACTIVE{COLOR:#000000;FONT-SIZE:12px;TEXT-DECORATION:NONE}

A:VISITED{COLOR:#000000;FONT-SIZE:12px;TEXT-DECORATION:NONE}

实验内容:定义超级链接 E32. html

```
< html >
< head >
< style type = " text/css" >
A:LINK{COLOR:#000000;FONT-SIZE:12px;TEXT-DECORATION:NONE}
A:HOVER{COLOR：#000000;FONT-SIZE:12px;TEXT-DECORATION:NONE}
A:ACTIVE{COLOR：#000000;FONT-SIZE:12px;TEXT-DECORATION:NONE}
A:VISITED{COLOR：#000000;FONT-SIZE:12px;TEXT-DECORATION:NONE}
</style >
</head >
< body >
< a href = "http://www.ujs.edu.cn" >江苏大学</a >
</body >
</html >
```

运行结果如图 3.2 所示。

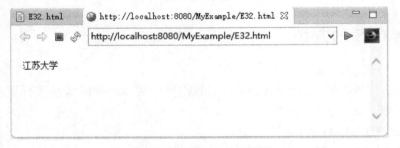

图 3.2　E32.html 执行结果

3.3　CSS 样式的使用

3.3.1　HEAD 内使用

实验内容：**HEAD 内引用程序名称 E33.html**

```
< HTML >
  < HEAD >
    < STYLE TYPE = "TEXT/CSS" >
      H1 {COLOR:GREEN;FONT-SIZE:37PX;}
      P {BACKGROUND:YELLOW;}
    </STYLE >
  </HEAD >
  < BODY >
    < H1 >北京大学,清华大学</H1 >
    < P >南京大学,复旦大学</P >
  </BODY >
</HTML >
```

运行结果如图 3.3 所示。

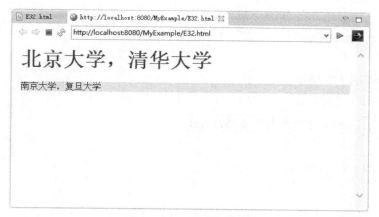

图 3.3　E33. html 执行结果

3.3.2　文件外使用

实验内容:样式表文件程序名称 mystyle. css

H1 {COLOR:GREEN;FONT-SIZE:37PX;}
P {BACKGROUND:YELLOW;}

如图 3.4 所示,建立 mystyle. css 文件,并输入样式表定义内容。

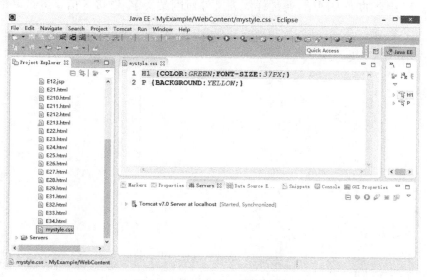

图 3.4　mystyle. css 文件内容

（1）链接 CSS 文件

实验内容:链接 CSS 文件程序名称 E34. html

< HTML >
　< HEAD >
　　< LINK REL = STYLESHEET HREF = " mystyle. css" TYPE = " TEXT/CSS" >
　　</ HEAD >

```
<BODY >
  <H1 >北京大学,清华大学 </H1 >
  <P >南京大学,复旦大学 </P >
</BODY > </HTML >
```

运行结果同图 3.3 所示。

（2）导入 CSS 文件

实验内容：导入 CSS 文件程序名称 E35. html

```
<HTML >  <HEAD >
  <STYLE TYPE = "TEXT/CSS" >
    @ IMPORT URL( mystyle. css) ;
  </STYLE >
  <BODY >
   <H1 >北京大学,清华大学 </H1 >
   <P >南京大学,复旦大学 </P >
  </BODY >
</HTML >
```

运行结果同图 3.3 所示。

3.4　课后习题

给上一章建立的个人网站,通过样式表文件对网站文字、链接等信息进行修饰。

第 4 章　JScript 语言

通过本章内容学习和练习,使学生掌握 JScript 的语法,并能够初步实现客户端脚本程序的编写,这是 Web 编程中必备的重要语言之一。

学习目标:

(1) 掌握 JScript 定义的基本语法;

(2) 掌握 JScript 的语言基础;

(3) 掌握 JScript 中函数的定义和使用;

(4) 掌握 JScript 事件和事件过程。

4.1　JScript 简介

JavaScript(JScript)是一种 Script 脚本语言,所谓的脚本语言就是可以和 HTML 混合使用的语言。VBScript 也是 Script 语言中的一种,但是 VBScript 只有微软的浏览器 Internet Explore(IE)才能完全支持。而 JavaScript 则不管是什么浏览器都可以运行,这也是 JScript 的一个优点。

JScript 是一种高级的脚本描述性语言,并不需要依赖于特定的机器和操作系统,所以说它是独立于操作平台的。

从本质上说 JScript 和 Java 没有什么联系,但是同时作为语言,可以从三个角度来区别。

(1) JScript 是解释型的语言,当程序执行的时候,浏览器一边解释一边执行。而 Java 是编译型的语言,必须经过编译才能执行。

(2) 代码格式不一样,Java 代码经过编译后成为二进制文件,而 JScript 是纯文本的文件。

(3) 在 HTML 中的嵌入方式不一样。JScript 代码是通过 < script > 标记符嵌入,而 Java 代码是通过 < % % > 符号嵌入,或以小应用程序方式嵌入。

4.2　JScript 语言基础

4.2.1　网页中引入 JScript

实验内容:第一个 JScript 程序名称 E41. html

```
< HTML > < BODY >
  < SCRIPT LANGUAGE = "JScript" >
  document. write( "这是以 JavaScript 输出的!") ;
  </SCRIPT >
</BODY > </HTML >
```

运行结果如图 4.1 所示。

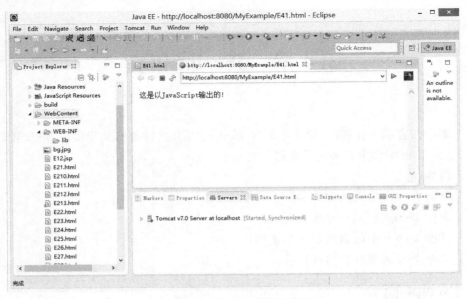

图 4.1　E41.html 执行结果

4.2.2　变量和数组

（1）变量的申明与使用

语法：var strUserName；

说明：

① JScript 的变量可以不申明直接使用，但建议使用前先申明。

② JScript 语句后面可以加分号，也可以不加，建议加上，表示一条语句的结束，增强代码的规范化。

变量的命名规则：

① 变量命名必须以一个英文字母或是下划线为开头，也就是变量名第一个字符必须是 A 到 Z 或是 a 到 z 之间的字母或是"_"。

② 变量名长度在 0～255 字符之间。

③ 除了首字符，其他字符可以使用任何字母字符、数字及下划线，但是不可以使用空格。

④ 不可以使用 JScript 的运算符号，例如：+，-，*，/等。

⑤ 不可以使用 JScript 用到的保留字，例如：sqrt（开方），parseInt（转换成整型）等。

⑥ 在 JScript 中，变量名大小写是有所区别的，例如：变量 s12 和 S12 是不同的两个变量。

实验内容：使用变量程序名称 E42.html

```
< HTML > < HEAD >
  < SCRIPT LANGUAGE = "JScript" >
  var strWelcome = "欢迎您！ < br > "；
  var iCounter = 10；
```

```
        iCounter = iCounter + 1 ;
      </SCRIPT >
</HEAD >
<BODY >
    <SCRIPT LANGUAGE = "JScript" >
      document. write( strWelcome) ;
      document. write( iCounter) ;
    </SCRIPT >
</BODY > </HTML >
```

　　运行结果如图 4.2 所示。这里我们看到 HTML 标记符
 是以字符串的形式嵌入脚本程序中。

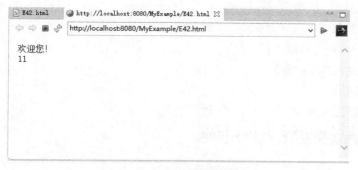

图 4.2　E42. html 执行结果

　　（2）数组的申明与使用

　　语法：var myArrayName = new Array(size) ;

　　　　　var myArrayName = new Array(cSize,rSize) ;

　　对数组元素的引用,是通过数组名[i]来实现的,i 范围从 0…size − 1。

实验内容:使用数组程序名称 E43. html

```
<HTML > <BODY >
  <SCRIPT LANGUAGE = "JScript" >
    var arrUserName = new Array(2) ;
    arrUserName[0] = "Student" ;
    arrUserName[1] = "Teacher" ;
    document. write( arrUserName[0]) ;
    document. write( "<br>") ;
    document. write( arrUserName[1]) ;
    document. write( "<br>") ;
  </SCRIPT >
</BODY > </HTML >
```

　　运行结果如图 4.3 所示。

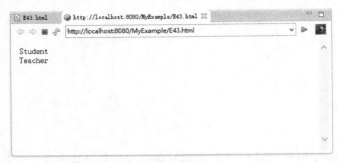

图 4.3　E43. html 执行结果

4.2.3　表达式和运算符

（1）算术运算符

++（自增 1）、--（自减 1）

*（乘）、/（除）、%（求余）

+（加）、-（减）

++、-- 运算优先 *、/、% , *、/、% 运算优先 +、-。

实验内容:算术表达式程序名称 E44. html

```
<HTML > <BODY >
  <SCRIPT LANGUAGE = "JScript" >
  document. write(3 * 2);
  document. write(" <br > ");
  document. write(3/2);
  document. write(" <br > ");
  document. write(3%2);//取余数
  </SCRIPT >
</BODY > </HTML >
```

运行结果如图 4.4 所示。

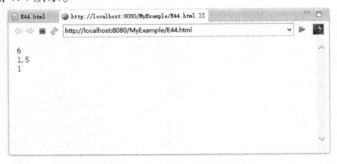

图 4.4　E44. html 执行结果

（2）逻辑运算符

!（非运算）、&&（与运算）、||（或运算）

! 运算优先 &&,&& 优先||。

实验内容:逻辑表达式程序名称 E45. html

```
< HTML > < BODY >
  < SCRIPT LANGUAGE = " JScript" >
   document. write( true&&false) ;
   document. write( " < br > " ) ;
   document. write( false&&false) ;
   document. write( " < br > " ) ;
   document. write( true||false) ;
   document. write( " < br > " ) ;
   document. write( !  false) ;
  </SCRIPT >
</BODY > </HTML >
```

运行结果如图 4.5 所示。

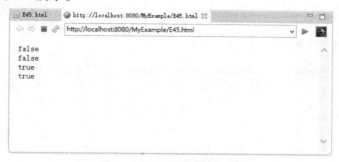

图 4.5　E45. html 执行结果

（3）字符运算符

+（字符串连接）

实验内容:字符串表达式程序名称 E46. html

```
< HTML > < BODY >
  < SCRIPT LANGUAGE = " JScript" >
   var strHello = " 网页编程" ;
   var strResult = " 你好," ;
   strResult + = strHello; //等价于:strResult = strResult + strHello;
   document. write( strResult) ;
  </SCRIPT >
</BODY > </HTML >
```

运行结果如图 4.6 所示。

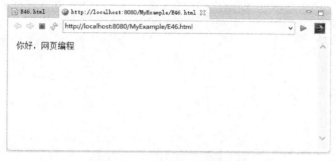

图 4.6　E46. html 执行结果

（4）比较运算符

    ==（等于）、!=（不等于）

实验内容:比较表达式程序名称 **E47. html**

```
< HTML > < BODY >
  < SCRIPT LANGUAGE = "JScript" >
    var strHello = "Hello World!" ;
    var strResult = "你好!" ;
    document. write( strHello == strResult ) ;
    document. write( " < br > " ) ;
    document. write( strHello! = strResult ) ;
  </SCRIPT >
</BODY > </HTML >
```

    运行结果如图 4.7 所示。

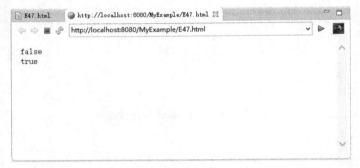

图 4.7　E47. html 执行结果

（5）关系运算符

    <（小于）、<=（小于等于）、>（大于）、>=（大于等于）

实验内容:关系表达式程序名称 **E48. html**

```
< HTML > < BODY >
  < SCRIPT LANGUAGE = "JScript" >
    document. write( 10 < 10 ) ;
    document. write( " < br > " ) ;
    document. write( 10 <= 10 ) ;
    document. write( " < br > " ) ;
    document. write( 10 > 10 ) ;
    document. write( " < br > " ) ;
    document. write( 10 >= 10 ) ;
  </SCRIPT >
</BODY > </HTML >
```

    运行结果如图 4.8 所示。

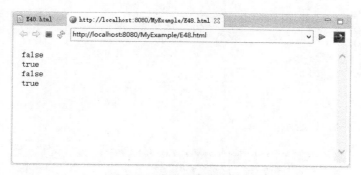

图 4.8　E48.html 执行结果

（6）赋值运算符

= 、+= 、-= 、*= 、/= 、%=

实验内容:比较表达式程序名称 **E49.html**

```
<HTML> <BODY>
  <SCRIPT LANGUAGE = "JScript">
  var strHello = "Hello World!";
  var i = 10;
  i%=2; //等价于 i = i%2
  document. write(strHello);
  document. write(" <br>");
  document. write(i);
  </SCRIPT>
</BODY> </HTML>
```

运行结果如图 4.9 所示。

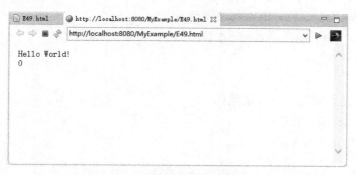

图 4.9　E49.html 执行结果

（7）条件运算符

条件表达式? 结果 1:结果 2

如果条件表达式为 true,返回结果 1,否则返回结果 2。

实验内容:条件表达式程序名称 **E410.html**

```
<HTML> <BODY>
  <SCRIPT LANGUAGE = "JScript">
```

```
a = (4 > 3) ? 5 : 7;
b = (4 < 3) ? 5 : 7;
document. write( a);
document. write( " < br > ");
document. write( b);
</SCRIPT >
</BODY > </HTML >
```

运行结果如图 4.10 所示。

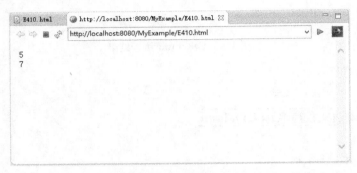

图 4.10　E410. html 执行结果

（8）运算符的优先级

总体上从运算的先后次序来看,赋值运算符 < 逻辑运算符 < 比较运算符 < 关系运算符 < 算术运算符、字符运算符。

4.2.4　控制语句

从语句的控制结构来看,JScript 语句结构可以分为以下 3 大类:

顺序结构:程序总体上按顺序从上至下运行。

条件和分支结构:if…else 语句,switch 语句。

循环结构:for 语句,do…while 语句,break 语句和 continue 语句。

（1）条件和分支语句

if 语句

语法 1:if <条件表达式> {语句体}

语法 2:if <条件表达式>

　　　　{语句体 1}

　　　　else

　　　　{语句体 2}

实验内容:if 语句程序名称 E411. html

```
< HTML > < BODY >
< SCRIPT LANGUAGE = "JScript" >
    var iHour = 13;
    if ( iHour < 12)
    {
    document. write( "早上好!");
    }
```

```
      else
         {
      document. write("下午好!");
         }
   </SCRIPT >
</BODY > </HTML >
```

运行结果如图 4.11 所示。

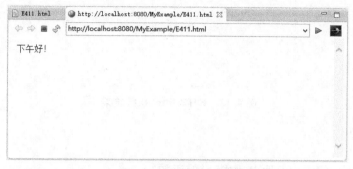

图 4.11　E411. html 执行结果

switch 语句

语法:switch(表达式)

　　　{

　　　case 值 1:语句体 1;break;

　　　…

　　　case 值 1:语句体 n;break;

　　　default:语句体 n + 1;break;

　　　}

实验内容:switch 语句程序名称:E412. html

```
< HTML > < BODY >
< SCRIPT LANGUAGE = "JScript" >
  var val = " " ;
  var i = 5 ;
  switch(i)
  {
    case 3 :
      val = "三" ; break;
    case 4 :
      val = "四" ; break;
    case 5 :
      val = "五" ; break;
    default :
      val = "不知道" ;
  }
  document. write(val) ;
</SCRIPT >
```

</BODY > </HTML >

运行结果如图 4.12 所示。

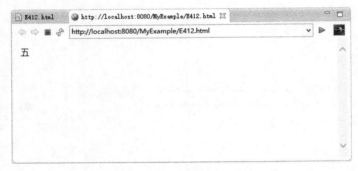

图 4.12　E412. html 执行结果

（2）循环语句

for 语句

语法：for(初始化语句；条件表达式；增值语句)

　　　 ｛语句体｝

实验内容：**for 语句程序名称 E413. html**

```
< HTML > < BODY >
  < SCRIPT LANGUAGE = " JScript" >
    var iSum = 0;
    for( var i = 0; i <= 100; i ++ )
      {
        iSum += i;
      }
    document. write( iSum) ;
  </SCRIPT >
</BODY > </HTML >
```

运行结果如图 4.13 所示。

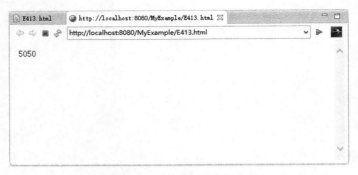

图 4.13　E413. html 执行结果

while 语句

语法：while(条件表达式)

｛语句体｝

实验内容:while 语句程序名称 E414. html

```
< HTML > < BODY >
< SCRIPT LANGUAGE = " JScript" >
    var iSum = 0 ;
    var i = 0 ;
    while( i < = 100 )
    {
      iSum + = i ;
      i + + ;
    }
    document. write( iSum) ;
  </SCRIPT >
</BODY > </HTML >
```

运行结果如图 4.13 所示。

break 语句

结束当前循环。如 E415 程序中,i 变量循环到 5 时,执行 break,立即终止循环体的执行。

实验内容:break 语句程序名称 E415. html

```
< HTML > < BODY >
  < SCRIPT LANGUAGE = " JScript" >
    for( i = 1 ; i < 20 ; i + + )
    {
      if( i% 5 = = 0 )
      {
        break ;
      }
      document. write( i) ;
    }
  </SCRIPT >
</BODY > </HTML >
```

运行结果如图 4.14 所示。

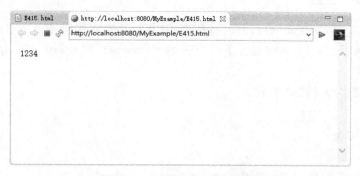

图 4.14　E415. html 执行结果

continue 语句

结束当前这一次的循环,继续下一次循环。如 E416 程序中,i 变量循环到 5 的倍数时,执行 continue,结束本次循环 continue 后的语句执行,跳到循环开始处,进入下一次循环。

实验内容:continue 语句程序名称:E416. html

```
< HTML > < BODY >
  < SCRIPT LANGUAGE = "JScript" >
    for( i = 1 ; i < 20 ; i ++ )
    {
      if( i % 5 == 0 )
      {
        continue;
      }
      document. write( i + " < br > " );
    }
  < /SCRIPT >
< /BODY > < /HTML >
```

运行结果如图 4.15 所示。

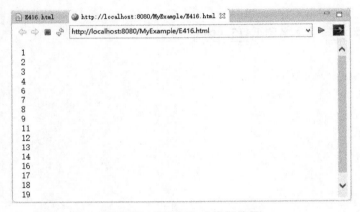

图 4.15   E416. html 执行结果

4.3   JScript 函数

函数在定义时并没有被执行,只有函数被调用时,其中的代码才真正被执行。为了实现函数的定义和调用,JScript 语句提供了两个关键字:function 和 return。JScript 函数的基本语法如下:

function 函数名称(参数表)
    {
        语句块;
    }

4.3.1   函数的定义和调用

实验内容:函数定义和调用程序名称 E417. html

```
< HTML > < BODY >
< SCRIPT LANGUAGE = " JScript" >
function getSqrt( iNum)
  {
  var iTemp = iNum * iNum;
  document. write( iTemp) ;
  }
</SCRIPT >
< SCRIPT LANGUAGE = " JScript" >
  getSqrt( 8) ;
</SCRIPT >
</BODY > </HTML >
```

运行结果如图 4.16 所示。

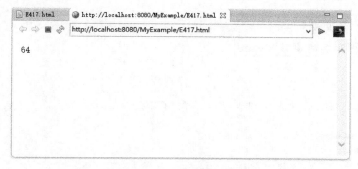

图 4.16　E417. html 执行结果

4.3.2　函数的返回值

实验内容:函数的返回值程序名称 E418. html

```
< HTML > < BODY >
< SCRIPT LANGUAGE = " JScript" >
    function f( y)
    {
    var x = y * y;
    return x;
    }
    </SCRIPT >
  < SCRIPT LANGUAGE = " JScript" >
  for( x = 0; x < 10; x ++ )
  {
    y = f( x) ;
    document. write( y) ;
    document. write( " < br > ") ;
  }
</SCRIPT >
</BODY > </HTML >
```

运行结果如图 4.17 所示。

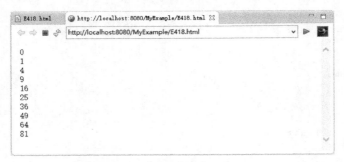

图 4.17　E418.html 执行结果

4.4　JScript 事件与事件过程

4.4.1　事件与事件过程

实验内容:事件程序名称 **E419.html**

```
< HTML > < BODY >
< form >
  < input type = " Button"  value = " 单击"  onClick = " alert('单击了鼠标') " >
</ form >
< select name = " sel"  onChange = " func( ) " >
  < option selected value = " 北京" > 北京 </ option >
  < option value = " 上海" > 上海 </ option >
  < option value = " 天津" > 天津 </ option >
</ select >
< script language = " JScript" >
  function func( )
  {
     alert( " 你选择了" + sel. value ) ;
  }
</ script >
</ BODY > </ HTML >
```

运行结果如图 4.18 所示。

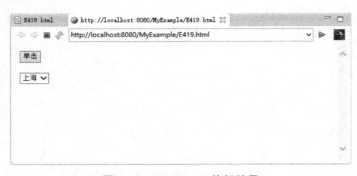

图 4.18　E419.html 执行结果

当用户点击"单击"按钮,将弹出如图 4.19 所示对话窗口。当用户在组合框中选择下拉列表项时,将显示如图 4.20 所示对话窗口。

图 4.19 对话窗口(1)

图 4.20 对话窗口(2)

从以上可以看出每一种操作都对应了一种事件过程,当事件发生,其对应的事件过程被执行,常用事件及其对应的过程如表4.1所示。

表 4.1 JScript 常用事件

事件	说明	事件过程
blur	对象失去当前输入焦点时发生	onBlur
change	对象内容被修改并失去焦点时发生	onChange
click	鼠标单击时发生	onClick
dblclick	鼠标双击时发生	onDblClick
error	当装入窗口、框架、图像发生错误时发生	onError
focus	对象获得焦点时发生	onFocus
mouseMove	鼠标在对象上移动时发生	onMouseMove
mouseOver	鼠标移入对象上方时发生	onMouseOver
move	移动窗口或框架时发生	onMove
reset	重置表单时发生	onReset
resize	窗口、框架改变尺寸时发生	onResize
select	对象文本被选中时发生	onSelect
submit	提交表单时发生	onSubmit
load	加载窗口、框架时发生	onLoad
unload	卸载窗口、框架时发生	onUnload

4.4.2 对象层次及 DOM 模型

浏览器窗口对象具有如图 4.21 所示的层次关系。

图 4.21 浏览器窗口对象层次图

DOM(Document Object Model)是文档对象模型的缩写,文档对象模型提供了文档对象的定位方法:

引用对象. 属性│方法

实验内容:对象引用程序名称 **E420. html**

```
< HTML > < HEAD >
  < SCRIPT LANGUAGE = "JScript" >
    function do_Copy( )
    {
      var str = frm1. txtBox1. value;
      frm2. txtBox2. value = str;
    }
  </SCRIPT > </HEAD >
< BODY >
  < FORM NAME = "frm1" >
    < INPUT TYPE = "TEXT" NAME = "txtBox1" >
    < INPUT TYPE = "BUTTON" VALUE = "复制" ONCLICK = "do_Copy( )" >
  </FORM >
  < FORM NAME = "frm2" >
    < INPUT TYPE = "TEXT" NAME = "txtBox2" >
</FORM > </BODY > </HTML >
```

运行结果如图 4. 22 所示。

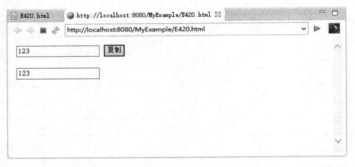

图 4.22　E420. html 执行结果

(1) 使用 window 对象

实验内容:**window 对象程序名称 E421. html**

```
< HTML > < HEAD >
< SCRIPT LANGUAGE = "JScript" >
function new_win( )
{
  window. open("E41. html","my","toolbar = no,left = 150,top = 200,menubar = no,width = 150,height = 150");
}
</SCRIPT >
</HEAD >
< BODY onload = "new_win( )" >
</BODY > </HTML >
```

运行结果如图 4.23 所示。

图 4.23 E421. html 执行结果

（2）使用 location 属性

实验内容：**location 属性程序名称 E422. html**

```
< HTML > < HEAD >
< SCRIPT LANGUAGE = " JavaScript" >
 function test_location( )
 {
    window. location = " E41. html" ;
 }
</SCRIPT >
</HEAD >
< BODY >
  < FORM NAME = " frm" >
  < INPUT TYPE = " BUTTON"  VALUE = " 超级链接"  ONCLICK = " test_location( )" >
  </FORM >
</BODY > </HTML >
```

运行结果如图 4.24 所示。点击超级链接按钮，将打开 E41. html 页面。

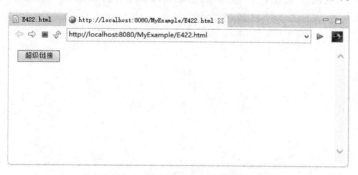

图 4.24 E422. html 执行结果

（3）使用 history 对象

实验内容：**history 对象程序名称 E423. html**

```
< HTML > < BODY >
< FORM NAME = " frm" >
```

```
    < INPUT TYPE = "BUTTON"  VALUE = "后退"  ONCLICK = "goback()" >
    < INPUT TYPE = "BUTTON"  VALUE = "前进"  ONCLICK = "goforward()" >
</FORM >
< SCRIPT LANGUAGE = "JScript" >
  function goforward()
  {history. go(1) ;}
  function goback()
  {history. go( -1);}
</SCRIPT >
</BODY > </HTML >
```

运行结果如图 4.25 所示。

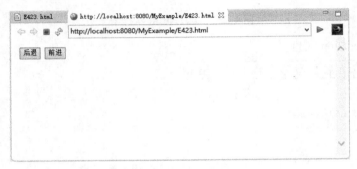

图 4.25　E423. html 执行结果

若从别的页面访问该页面,可以点击"后退"按钮返回,从当前页面访问别的页面,也可点击"前进"按钮前进。

4.4　课后练习

(1) 通过脚本程序,计算 1！ +2！ +…+10!,并输出。

(2) 通过客户端程序验证用户文本框中输入的用户名和密码不能为空。

(3) 设计客户端界面,实现计算器功能。

第二部分

Java 篇

第 5 章　Java 程序基础

通过本章内容学习和练习,使学生掌握 Java 的基本语法和面向对象的编程思想以及 Java 应用程序编写和运行的基本方法,为后面章节打下基础。

学习目标:

(1) 掌握 Java 语言基础;

(2) 掌握 Java 面向对象编程的基础概念以及类与对象的使用;

(3) 掌握 Java 中如何实现异常处理,以维护程序的健壮性。

5.1　Java 语言简介

Java 是 Sun 公司开发的完全面向对象的编程语言,通过在各种操作系统中安装了 Java 运行环境(即 JVM),JVM 机读取并处理经编译过的平台无关的字节码 class 文件,因此是独立于平台的,Java 解释器负责将 JVM 的代码在特定的平台上运行。运行原理如图 5.1 所示。

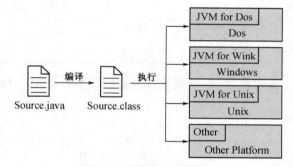

图 5.1　Java 运行原理

5.2　Java 语言基础

5.2.1　标识符与注释

Java 语言标识符的组成规则为:标识符必须以字母、下划线(＿)或美元符($)开头,后面可以跟任意数目的字母、数字、下划线(＿)或美元符($)。标识符的长度没有限制。

在定义和使用标识符时需要注意,Java 语言是大小写敏感的。比如,hello 和 Hello 是两个不同的标识符。另外,标识符的命名应遵循 Java 编码惯例,并且应使标识符能从字面上反映出它所代表的变量或类型的用途。

Java 语言提供三种类型的注释:

(1) 单行注释:以//开始,并以换行符结束。

(2) 多行注释:以/＊开始,并以＊/结束。

(3) 文档注释:以/＊＊开始,并以＊/结束。

5.2.2　数据类型

总体上 Java 语言包括简单数据类型和引用数据类型,提供 7 大类数据类型。如图 5.2 所示。

注意:(1) Java 语言的简单数据类型都占有固定的内存长度,与具体的软硬件平台环境

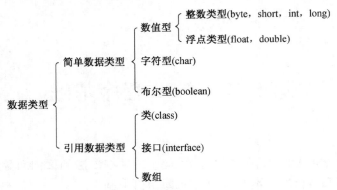

图 5.2　Java 数据类型

无关;(2) 每种简单数据类型都对应一个默认值;(3) Java 的字符类型采用 Unicode 编码,每个 Unicode 码占用 2 个字节,不同于 ASCII 码。Java 语言还允许使用转义字符"\"来将其后的字符转成特殊的含义,如表 5.1 所示。

表 5.1　Java 转义字符

\b	退格	\t	Tab 制表符	\n	换行
\r	回车	\"	双引号	\'	单引号
\\	反斜线				

实验内容:Java 简单数据类型程序名称 Sjlx. java

```java
public class Sjlx{
    public static void main ( String args [ ] ) {
        boolean b = true;           //声明 boolean 型变量并赋值
        int x , y = 8 ;             //声明 int 型变量
        float f = 4.5f;             //声明 float 型变量并赋值
        double d = 3.1415 ;         //声明 double 型变量并赋值
        char c ;                    //声明 char 型变量
        c = 'x';                    //为 char 型变量赋值
        x = 12 ;                    //为 int 型变量赋值
        System. out. print( c + " \n" ) ;
        char z = '中';
        System. out. print(z) ;
    }
}
```

运行结果如图 5.3 所示。

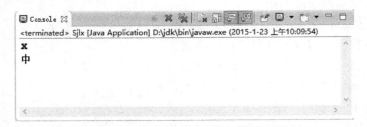

图 5.3　Sjlx. java 在 Eclipse 控制台输出结果

5.2.3　引用数据类型

Java 语言中除 8 种基本数据类型以外的数据类型称为引用类型,也叫做复合数据类型,下面分别通过实验案例介绍几种引言类型。

（1）数组的使用

实验内容:Java 数组程序名称 Sz. java

```java
public class Sz{
  public static void main(String args[]){
    int[] s;
    s = new int[10];
    for (int i = 0;i < s. length;i ++) {
      s[i] = 2 * i + 1;
      System. out. println(s[i]);
    }
  }
}
```

运行结果如图 5.4 所示。

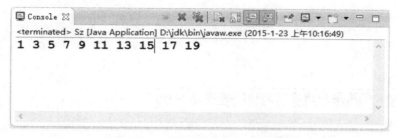

图 5.4　Sz. java 在 Eclipse 控制台输出结果

（2）字符串的使用

实验内容:Java 字符串程序名称 Zfc. java

```java
public class Zfc{
public static void main(String argv[]){
  String str = "abcdefg";//或 String str = new String("abcdefg");,这是类创建的方法
  System. out. println(str. length());//输出字符串的长度7
  System. out. println(str. charAt(2));//输出字符串的第3个字符 c
  System. out. println(str. substring(1,2));//输出字符串中的子串 b
  System. out. println(str. indexOf("bc"));//输出子串在字符串中的位置1
  if(str. equals("abcdefg")){//判断字符串是否相等
    System. out. print("相等\n");
  }
  System. out. println(String. valueOf(12));//将数值转换成字符串输出
  }
}
```

运行结果如图 5.5 所示。

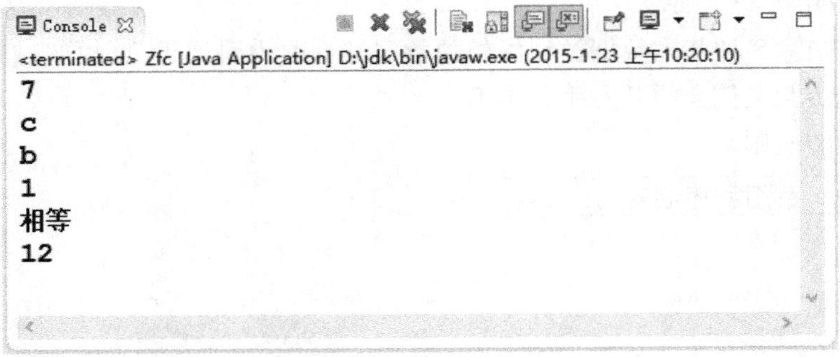

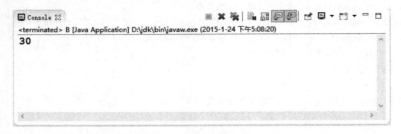

图 5.5　Zfc. java 在 Eclipse 控制台输出结果

（3）自定义类

实验内容:Java 用户自定义类程序名称 A. java

```java
public class A {
  int a;
  int b;
  public int sum( )
  {
    return a + b;
  }
}
```

实验内容:Java 使用用户自定义类程序名称 B. java

```java
public class B {
  public static void main(String[ ] args) {
    A t = new A( );//对象 t 是类 A 的实例
    t. a = 10;
    t. b = 20;
    System. out. println( t. sum( ) );
  }
}
```

运行结果如图 5.6 所示。注意:A 是类,没有 main( )方法,不能作为应用程序直接运行,而类 B 是包含了 main( )方法的应用程序,并在 main( )方法中实现了对 A 类的引用。

图 5.6　B. java 在 Eclipse 控制台输出结果

这里让大家对类作为一种数据类型有一个初步了解,在后面的面向对象程序设计中将有更深入的讲解。

5.2.4　运算符

按照运算符的功能来划分,Java 语言中常用运算符可分为下述几类:算术运算符、关系运算符、逻辑运算符、赋值运算符和字符串连接运算符等。

(1)算术运算符包括:＋,－,＊,／,％,＋／－,＋＋,－－,分别实现通常的加、减、乘、除、取模(求余)、改变符号、加 1、减 1 等算术运算。

(2)关系运算符包括:＞,＜,＞＝,＜＝,＝＝,!＝,用来对两个操作数进行比较运算,所组成的表达式结果为 true 或 false。

(3)逻辑运算符包括:!,&&,‖,分别实现非、逻辑与、逻辑或运算。和关系运算符一样,逻辑运算的结果也是 true 或 false。

(4)赋值运算符包括:＝,运算符＝,实现对变量的赋值,后一种为扩展的赋值运算,如:"a＝a 运算符 b;"可以简写为"a 运算符＝b;"。

(5)条件运算符:(条件)?　A:B,如果条件为真,则取得 A 的值,否则取 B 的值。

(6)运算符的优先级:总体上,算术运算优先于关系运算,关系运算优先于逻辑运算,逻辑运算优先于条件运算,条件运算优先于赋值运算。详细如下表 5.2 所示。

表 5.2　运算符优先级

描述	运算符
一元运算符	!、＋＋、－－
乘、除、取余	＊、／、％
加、减	＋、－
关系	＞、＜、＞＝、＜＝
比较	＝＝、!＝
逻辑与	&&
逻辑或	‖
条件	?:
赋值	＝、运算符＝

5.2.5　流程控制语句

和 C 语系下的其他语言一样,Java 支持下列控制结构:选择、循环和跳转语句,使用方法和 JavaScript 一致。

(1)选择:if-else、switch

(2)循环:while、do-while、for

(3)跳转:break、continue

实验内容:if 语句程序名称 IFExample. java

```
public class IfExample{
  public static void main(String args[ ]){
```

```
int iHour = 13 ;
if ( iHour < 12 )
{
System. out. println( "早上好!") ;
}
else
{
System. out. println( "下午好!") ;
}
}
}
```

运行结果如图5.7 所示。

图 5.7 IFExample. java 在 Eclipse 控制台输出结果

实验内容:switch 语句程序名称 SwitchExample. java

```
public class SwitchExample{
   public static void main( String args[ ] ){
     String val = " " ;
     int i = 5 ;
     switch( i )
     {
       case 3 : val = "三" ; break ;
       case 4 : val = "四" ; break ;
       case 5 : val = "五" ; break ;
       default : val = "不知道" ;
     }
   System. out. println( val) ;
   }
}
```

运行结果如图5.8 所示。

图 5.8 SwitchExample. java 在 Eclipse 控制台输出结果

实验内容:while 语句程序名称 WhileExample. java

```java
public class WhileExample{
    public static void main(String args[]){
        int iSum = 0;
        int i = 0;
        while(i <= 100)
        {
            iSum += i;
            i ++;
        }
        System. out. println(iSum);
    }
}
```

　　运行结果如图5.9所示。

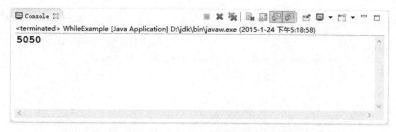

图5.9　WhileExample. java 在 Eclipse 控制台输出结果

实验内容:dowhile 语句程序名称 DoWhileExample. java

```java
public class DoWhileExample{
    public static void main(String args[]){
        int iSum = 0;
        int i = 0;
        do
        {
            iSum += i;
            i ++;
        } while(i <= 100);
        System. out. println(iSum);
    }
}
```

　　运行结果同图5.9所示。

实验内容:for 语句程序名称 ForExample. java

```java
public class ForExample{
    public static void main(String args[]){
        int iSum = 0;
        for(int i = 1;i <= 100;i ++)
        {
            iSum += i;
        }
```

```
    System. out. println( iSum) ;
    }
}
```

运行结果同图 5.9 所示。

实验内容:break 语句程序名称 BreakExample. java

```
public class BreakExample{
  public static void main( String args[ ] ) {
    for( int i = 1; i < 20; i ++ )
    {if( i%5 == 0)
      {break; }
    System. out. println( i) ;
    }
  }
}
```

运行结果如图 5.10 所示。

图 5.10　BreakExample. java 在 Eclipse 控制台输出结果

实验内容:continue 语句程序名称 ContinueExample. java

```
public class ContinueExample{
  public static void main( String args[ ] ) {
    for( int i = 1; i < 20; i ++ )
    {if( i%5 == 0)
      {
        continue;
      }
    System. out. println( i) ;
    }
  }
}
```

运行结果如图 5.11 所示。

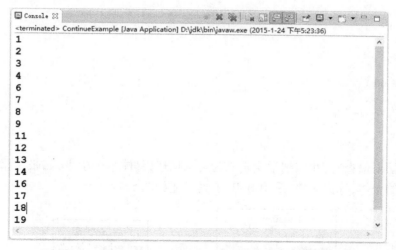

图 5.11 ContinueExample. java 在 Eclipse 控制台输出结果

5.3 Java 面向对象编程

面向对象的编程技术正逐渐成为当今计算机软件开发的主要趋势,面向对象的技术基于一种先进、高效的分析、描述、处理问题的思想。目前,面向对象设计框图广泛采用基于面向对象的分析技术 UML 来建模,常用的 UML 建模工具如 Visio、Rational Rose、PowerDesign 等。

5.3.1 类的定义

类和对象是面向对象的编程技术中的核心概念。类的概念和实际生活中"事物种类"完全一致,面向对象编程技术中的"类"是根据分析和处理问题的需要,对某一类现实事物的抽象概括。而对象则是类的具体实例,所以类是抽象的,对象是具体的。类定义的语法为:

〔访问修饰符〕class 类名{

　〔修饰符〕成员变量1;

　〔修饰符〕成员变量2;

　⋮

　〔修饰符〕返回值类型 成员方法1(参数){};

　〔修饰符〕返回值类型 成员方法2(参数){};

　⋮

}

实验内容:Java 用户自定义类程序名称 Student. java

```
public class Student{
    private String xm;
    private String xb;
    private int nl;
    public Student( )
    {}
    public Student( String xm,String xb,int nl)
```

```
    {
        this. xm = xm;
        this. xb = xb;
        this. nl = nl;
    }
    public String getAll( )
    {
        return xm + " " + xb + " " + nl;
    }
}
```

在讨论学生信息时,我们把学生定义为类来描述,具体某个学生,如张三,就是该类事物的实际存在的个体,称为对象,采用 UML 工具描述如图 5.12 所示。

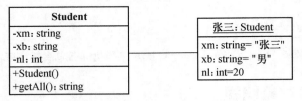

图 5.12   类与对象关系图

5.3.2   构造方法

我们注意到 Student 类中,有两个方法与类同名,而且没有返回值类型,它就是类的构造方法。其功能是用类创建对象时进行初始化。

Student st = new Student("张三","男",20);

如果没有定义构造方法,Java 系统会自动提供一个默认的构造方法,把所有成员变量初始化为该数据类型的默认值,这时创建对象如下:

Student st = new Student( );

5.3.3   类的包装与导入

包(package)是由一组类(class)和接口(interface)组成。它是管理大型项目文件分类的有效工具。定义包由 package 语句定义,放在文件的开头,语法:package 包名;。

编译后的 class 文件存入指定的包中(在 windows 系统中会生成一个目录),为了引用包中的类,需要使用 import 语句导入包中的类,放在 package 语句(如果有)与类定义语句之间,导入包中类的语法:import 包名. 类名;。

在 Eclipse 环境下,右击项目下的 src目录选择【New】【Package】,打开创建包窗口,如图 5.13 所示,在【name】中输入

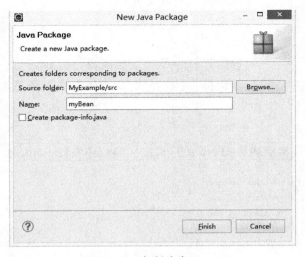

图 5.13   包创建窗口

包名,单击【Finish】即完成包的创建,以后需要在该包中定义类直接右击包名新建文件即可,会自动生成 package 代码;同样若要把其他包中已经定义的类放入该包中,选择该类文件直接拖动到该包中即可。

实验内容:使用 package 程序名称 Student. java

```
package myBean;
  public class Student{
  private String xm;
  private String xb;
  private int nl;
  public Student( )
  {}
  public Student(String xm,String xb,int nl)
  {
    this. xm = xm;
    this. xb = xb;
    this. nl = nl;
  }
  public String getAll( )
  {
    return xm + " " + xb + " " + nl;
  }
}
```

实验内容:使用 import 程序名称 StudentTest. java

```
import myBean. Student;    //本程序放于 src 根目录中,因此需要导入 myBean 中的 Student 类,才能引用它
public class StudentTest
{
  public static void main(String args[ ])
  {
    Student st = new Student("xyz","male",20);
    System. out. println(st. getAll( ));
  }
}
```

运行结果如图 5.14 所示。

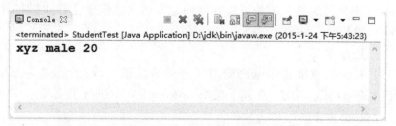

图 5.14　StudentTest. java 在 Eclipse 控制台输出结果

5.3.4　类的继承

面向对象编程的最重要的特色之一就是能够使用以前创建的类的方法和属性。通过简单的类来创建功能强大的类,从而达到组件模型的重复使用,大幅地节省时间,减少代码出

错的机会,这就是继承。继承得到的类称为子类,所继承的类为父类,子类继承父类的状态和行为,同时也可以修改父类的状态或重写父类的行为,并添加新的状态和行为。Java 中不支持多重继承,语法:

```
class  子类 extends 父类{
         ⋮
}
```

实验内容:类的继承程序名称 CollegeStudent. java

```java
package myBean;
public class CollegeStudent extends Student{
  private String college;
  public CollegeStudent( )
  {}
  public CollegeStudent( String xm,String xb,int nl,String college)
  {
    super( xm,xb,nl);
    this. college = college;
  }
  public String getAll( )
  {
    return super. getAll( ) + "  " + college;
  }
}
```

5.3.5　访问修饰符

Java 语言为对类中的属性和方法进行有效的访问控制,将它们分为 4 个等级:private,default,protected,public。其中,private,protected,public 均为关键字,在声明时标明该属性或方法的访问控制等级,如果什么都不加,则默认为"default"。

private:private 定义的属性和方法只能在其所在类的内部使用。

default:即不加访问控制修饰符,可以在其所在类的内部和同一个包中的其他类中使用。

protected:protected 定义的属性和方法可以在其所在类的内部、同一个包中的其他类中以及位于不同包的子类中访问。

public:public 定义的属性和方法可以在任何地方访问。但要注意:时刻保持类中数据的私有性,是面向对象封装性的要求。

5.3.6　方法的重写

在继承结构中,子类通常会根据需要对父类的方法进行改造,称之为方法的重写。如 Student 类中定义的 getAll( )方法,在其子类 CollegeStudent 中进行了重写。

5.3.7　方法的重载

方法的名称相同,方法的参数列表不同,调用该方法时通常会根据参数的不同而决定调用的是哪个方法,称之为方法的重载。如类的构造方法通常有多个,用的就是重载技术。

5.3.8　关键字 super 和 this

关键字 super 表示对父类的引用,如,在 CollegeStudent. getAll( )方法中调用父类的

Student. getAll( )方法使用:super. getAll( )。

5.3.9　关键字 static

用 static 修饰的变量和方法称为静态变量和静态方法,这些变量和方法在内存中仅此一份,为类和所有对象共享。

实验内容:使用 static 程序名称 StaticExample. java

```
class StaticExample{
  int id = 0;
  static int total = 0;
  public void setId(int id)
  {
    this. id = id;
  }
  public void setTotal(int total)
  {
    this. total = total;
  }
}
```

实验内容:使用 static 程序名称 StaticExampleTest. java

```
class StaticExampleTest{
  public static void main(String args[ ]){
    StaticExample se1 = new StaticExample( );
    se1. setId(10);
    se1. setTotal(100);
    System. out. println(se1. id + " " + se1. total);
    StaticExample se2 = new StaticExample( );
    se2. setId(20);
    se2. setTotal(200);
    System. out. println(se1. id + " " + se1. total);    //对象 se1 的 satic 变量 total 被改变,而 id 未发生改变
    System. out. println(se2. id + " " + se2. total);
  }
}
```

运行结果如图 5. 15 所示。

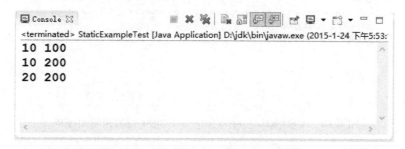

图 5.15　StaticExampleTest. java 在 Eclipse 控制台输出结果

5.3.10　关键字 final

在 Java 中声明类、属性和方法时,可使用关键字 final 来修饰。final 所修饰的内容具有

"最终"的特性,其具体规定如下。

final 标记的类不能被继承。

final 标记的方法不能被重写。

final 标记的变量即是常量,不能再次被赋值。

5.3.11 关键字 abstract

对于那些只须声明,而不需要实现的方法,可以声明为抽象方法,用 abstract 来修饰。抽象方法没有方法体。

用 abstract 关键字来修饰的类叫做抽象类,含有抽象方法的类必须被声明为抽象类。抽象类不能被实例化,因此抽象类只能在继承中发挥作用,抽象方法也只能在被重写后由子类的对象调用。

> **实验内容:使用 abstract 程序名称 AbstractExample. java**

```java
abstract class Aa{    //定义抽象类 Aa
  abstract void m1( );    //定义抽象方法 m1
  public void m2( ){
    System. out. println("Aa 类中定义的 m2 方法");
  }
}
class Bb extends Aa{    //实现类 Bb 继承 Aa,并对方法 m1 进行重写
  void m1( ){
    System. out. println("Bb 类中重写 m1 方法");
  }
}
public class AbstractExample{
  public static void main(String args[ ]){
    Aa c = new Bb( );    //声明对象可用抽象类,但创建必须用实现类,而不能用抽象类来创建对象
    c. m1( );
    c. m2( );
  }
}
```

运行结果如图 5.16 所示。

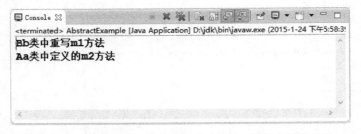

图 5.16　AbstractExample. java 在 Eclipse 控制台输出结果

5.3.12　接口

接口是抽象方法和常量的集合。接口和抽象类是有区别的,抽象类中的方法可以包含有实现的和未实现的方法,而且可以定义变量;但接口中的方法必须全部是未实现的,且不能定义变量。语法如下:

［修饰符］interface 接口名［extends 多个父接口］

　　{

　　　　定义常量；

　　　　⋮

　　　　定义抽象方法；

　　　　⋮

　　}

可以看出，在 Java 中，接口可以实现多重继承，而类只能实现单重继承。接口定义好了，需要通过类来实现它。语法如下：

［修饰符］class 类名 implements 接口列表

　　{

　　　　⋮

　　}

实验内容：使用接口程序名称 InterfaceExample. java

```
interface Shape{
//定义接口 Shape,具体什么形状由类继承实现,不同形状计算面积的方法不同,所以这里定义的方法是抽象的
    abstract double getArea( );
}
class Rectangle implements Shape{    //定义矩形类
    double width;
    double height;
    public Rectangle( double w,double h)
    {
      width = w;
      height = h;
    }
    public double getArea( )    //重写 getArea( ),求得矩形的面积
    {
      return width * height;
    }
}
class Circle implements Shape{    //定义圆形类
    double r;
    public Circle( double r)
    {
      this. r = r;
    }
    public double getArea( )    //重写 getArea( ),求得圆的面积
    {
      return 3. 142 * r * r;
    }
}
public class InterfaceTest{
    public static void main( String args[ ]){
      Shape rec = new Rectangle(4,6);    //可用接口来声明,但创建必须用实现的类
      Shape c = new Circle(3);
```

```
    System. out. println( rec. getArea( ) ) ;
    System. out. println( c. getArea( ) ) ;
    }
}
```

运行结果如图 5.17 所示。

图 5.17 InterfaceExample. java 在 Eclipse 控制台输出结果

5.3.13　Java 文件的层次结构

Java 源文件结构的层次上有一些特殊的规定：

package 语句	//0 或 1 个,必须放在文件开始
import 语句	//0 或多个,必须放在所有类定义之前
public classDefinition	//0 或 1 个,定义公有类,类名同文件名
classDefinition	//0 或多个,定义普通类
interfaceDefinition	//0 或多个,定义接口

5.4　异常处理

5.4.1　异常处理概述

一个程序,除了按照用户需要完成所规定的功能外,还有可能在运行过程中发生各种异常事件,例如除 0 错误、数组越界、文件找不到等,这些事件的发生将阻止程序的正常运行,为了加强程序的健壮性,设计程序时,必须考虑到可能发生的异常事件并做出相应的处理。

Java 中的异常可分为两大类：

（1）错误（Error）：JVM 系统内部错误、资源耗尽等严重情况。这类错误一般被认为是无法恢复和不可捕获的,将导致应用程序中断。

（2）违例（Exception）：其他因编程错误或偶然的外在因素导致的一般性问题。例如：对负数开平方根、除 0 错误、数组越界、文件找不到、网络连接中断等。这类异常可以被用户捕获而且可能恢复,我们处理的异常通常指的就是这类的异常情况。

Java 常用异常类如表 5.3 所示。

表5.3 Java 常用异常类

异常	引起的原因
ArithmeticException	算术运算,如除 0 错误
ArrayIndexOutOfBoundsException	数组下标越界
IllegalArgumentException	参数无效
IOException	输入/输出故障
FileNotFoundException	文件不存在
ClassNotFoundException	类不存在
SQLException	SQL 操作错误

5.4.2 异常处理

Java 在程序执行过程中出现异常情况,会向系统抛出一个异常对象,从而可以将之捕获,做出相应的处理。语法:

```
try
{
    //可能发生的异常语句,当异常发生,终止其后的语句执行,跳到异常处理语句块
}
catch( Exceptiontype1 e1 )
{
    //对异常类型 1 的处理
}
catch( Exceptiontype2 e2 )
{
    //对异常类型 2 的处理
}
finally
{
    //不管异常是否发生,都要执行的语句
}
```

其中,catch 语句可以有一个或多个,finally 语句可以没有。

实验内容:使用异常程序名称 ExceptionExample. java

```
public class ExceptionExample{
    public static void main( String args[ ]){
        try
        {
            int x = Integer. parseInt( args[0]);
            System. out. println(5/x);
        }
```

```
catch( ArrayIndexOutOfBoundsException e1 )
{//处理用户运行时未输入参数异常
    System. out. println( "请输入参数!" );
}
catch( ArithmeticException e2 )
{//处理用户运行时输入参数为 0 异常
    System. out. println( "参数不能为 0!" );
}
finally
{
    System. out. println( "程序执行结束!" );
}
}
}
```

程序运行时,可通过【Run】【Run Cofiguration…】打开如图 5.18 所示窗口。当你运行该程序时,在【Program arguments:】中设定三种情景:未输入参数、输入参数为 0、输入参数 5,点击【Run】,观察程序的运行结果。

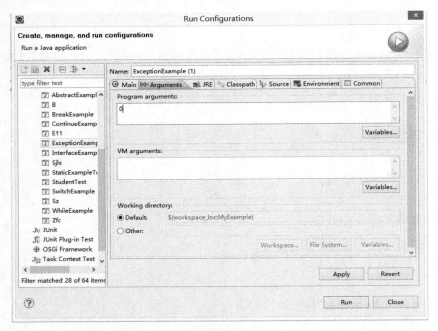

图 5.18　Run Configurations 配置窗口

如果在一个方法中生成了一个异常,但是这一方法并不知道该如何对这一异常事件进行处理,我们可以在定义该方法时声明抛弃异常,交给 Java 虚拟机来处理。如在对文件进行操作时,可能出现文件找不到或读写异常,该代码必须要求对该语句进行处理,否则编译不通过无法运行,如图 5.19 所示。

```
ThrowsException.java
1  import java.io.*;
2  public class ThrowsException
3  {
4      public static void main(String args[])
5      {
6          FileInputStream fis=new FileInputStream("text.txt");
7          int b;
8          while((b=fis.read())!=-1){
9              System.out.print(b);
10         }
11         fis.close();
12     }
13 }
```

图 5.19　代码编辑窗口

　　但此时,假设开发者并不知道会抛出什么异常,也无需对此进行处理,就可以在 main 方法后声明抛出异常,交给 Java 虚拟机去处理,修改后代码如图 5.20 所示,程序编译通过就可运行了。

```
ThrowsException.java
1  import java.io.*;
2  public class ThrowsException
3  {
4      public static void main(String args[]) throws Exception
5      {
6          FileInputStream fis=new FileInputStream("text.txt");
7          int b;
8          while((b=fis.read())!=-1){
9              System.out.print(b);
10         }
11         fis.close();
12     }
13 }
```

图 5.20　修改后的代码编辑窗口

5.5　课后练习

　　(1) 建立图书类,包含书名、书号、作者、出版社、出版日期,价格,并实现图书信息的输出。
　　(2) 给个人建立银行账号,并实现对个人账号的存款、取款和查询功能。

第6章　JSP 程序设计

通过本章内容学习和练习,使学生掌握 JSP 页面服务器端程序的编写,并能够通过客户端和服务器的结合,实现和用户的交互。

学习目标:

(1) 掌握 JSP 的页面结构;

(2) 掌握 JSP 的编译指令、操作指令的使用;

(3) 掌握 JSP 常用内置对象的使用。

6.1　JSP 页面结构

在一个 JSP 页面中,主要分为三种元素:编译指令、操作指令和 JSP 代码。

编译指令告诉 JSP 的解释引擎(比如:Tomcat),需要在编译时做什么动作,比如引入一个其他的类,设置 JSP 页面使用什么语言编码等。

操作指令则是在 JSP 页面被请求时,动态执行的,比如可以根据某个条件动态跳转到另外一个页面。

JSP 代码指的就是我们自己嵌入在 JSP 页面中的 Java 代码,这又分为两种:第一种是 JSP 页面中一些变量和方法的声明,在声明时,使用"< % !"和"% >"标记。另外一种,就是常用到的用"< %"和"% >"包含的 JSP 代码块。

6.2　编译指令

6.2.1　page 指令

page 指令是针对当前页面的指令。page 指令有"< % @"和"% >"字符串构成的标记符来指定。在标记符中是代码体,包括指令的类型和值。例如:< % @ page import = "java. sql. * "% >指令告诉 JSP 容器将 java. sql 包中的所有类都引入当前的 JSP 页面。

常用的 page 指令标记有 8 个:

language、extends、import、errorPage、isErrorPage、、contentType、buffer 和 session。

(1) language 设置 JSP 页面中用到的语言,默认值为"Java",也是目前唯一有效的设定值。使用的语法是:< % @ page language = " java" % >。

(2) extends 设定目前 JSP 页面要继承的父类。一般情况下不需要进行设置。在默认情况下,JSP 页面的默认父类是 HttpJspBase。例如:当前 JSP 页面要继承 mypackage 包下的 myclass 类,相应的声明语句为:< % @ page extends = " mypackage. myclass" % >。

(3) import 设置目前 JSP 页面中要用到的 Java 类,这些 Java 类可能是 Sun JDK 中的类,也有可能是程序员自己定义的类。例如：< % @ page import = " java. sql. * , java. util. * " % > 。

有些类在默认情况下已经被加入到当前 JSP 页面，而不需要特殊声明，包括四个类：java. lang. * ;、java. servlet. * ;、java. servlet. jsp. * ;和 java. servlet. http. * ;。

（4）errorPage 用来设定当 JSP 页面出现异常（Exception）时，所要转向的页面。如果没有设定，则 JSP 容器会用默认的当前网页来显示出错信息。例如：< % @ page errorPage = " /error/error_page. jsp" % > 。

（5）isErrorPage 用来设定当前的 JSP 页面是否作为传回错误页面的网页，默认值是"false"。如果设定为"true"，则 JSP 容器会在当前的页面中生成一个 exception 对象。

（6）contentType 用来设置 JSP 页面文档类型和编码格式。例如：< % @ page contentType = " text/html; charset = GBK" % > 。

（7）buffer 用来指定 JSP 页面输出到缓冲区的字节大小。值可以为"none"、"8kb"、"sizekb"。

（8）session 用来指定 JSP 页面是否需要 session。值为"true"、"false"。

6.2.2　include 指令

include 指令用来指定怎样把另一个文件包含到当前的 JSP 页面中，这个文件可以是普通的文本文件，也可以是一个 JSP 页面。例如：< % @ include file = " logo. htm" % > 。

实验内容：使用 include 指令程序名称 E61. jsp

```
< % @ page contentType = " text/html; charset = GBK" % >
< html >
  < head > < title > include 示例 < /title > < /head >
  < body >
    < font color = " blue " >
      现在日期是：< br >
      < % @ include file = " E62. jsp" % >
    < /font >
  < /body >
< /html >
```

实验内容：程序名称 E62. jsp

```
< % @ page contentType = " text/html; charset = GBK" % >
< %
  String s = new String( "2015 年 1 月 14 日" );
  out. print( s );
% >
```

E61. jsp 程序执行结果如图 6.1 所示。

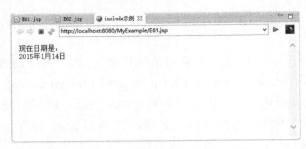

图 6.1　E61.jsp 执行结果

6.3　操作指令

6.3.1　jsp:include 指令

jsp:include 指令用于在当前的 JSP 页面中加入另一个文件,语法:< jsp:include page = "logo. htm"/ >。功能同 include 指令。

6.3.2　jsp:forward 指令

jsp:forward 指令用于把当前的 JSP 页面转移到另一个页面。语法:< jsp:forward page = "logo. htm"/ >。

6.3.3　jsp:param 指令

jsp:param 指令用于在执行 jsp:forward 操作时传递参数。语法:< jsp:param name = "id" value = "value"/ >

实验内容:使用 forward 和 param 程序名称 E63. jsp

```
< jsp:forward page = "E64. jsp" >
  < jsp:param name = "x" value = "hello"/ >
  < jsp:param name = "y" value = "world"/ >
</jsp:forward >
```

实验内容:程序名称 E64. jsp

```
< %
  out. print( request. getParameter( "x" ) + request. getParameter( "y" ) );
% >
```

E63. jsp 程序执行结果如图 6.2 所示。

图 6.2　E63.jsp 执行结果

6.4　JSP 代码

6.4.1　页面的变量和方法

在 JSP 页面被编译执行的时候,整个页面就是一个类,用 < ％！…％ > 声明的变量和方法为页面的成员变量和成员方法。这些变量和方法供所有用户共享,在服务器关闭之前一直有效,所以可以认为它们是供所有用户访问的全局变量和方法。任何一个用户的操作都会影响到其他用户。

实验内容:使用全局变量程序名称 **E65. jsp**

```
< ％ @ page contentType = " text/html;charset = GBK" ％ >
< ％！ int i = 0;％ >
您是第
< ％ i ++ ;
  out. print(i);
％ > 位访问者
```

程序执行结果如图 6.3 所示。每点击刷新按钮一次,i 变量增 1。

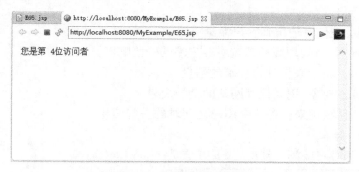

图 6.3　全局变量的使用

6.4.2　页面的代码块

可以在 < ％ …％ > 之间插入 Java 程序片,一个 JSP 页面可以包含许多程序片,这些代码块被 JSP 服务器按照顺序执行。在一个代码块中声明的变量和方法是 JSP 页面的局部变量和方法,它们只在当前页面中有效,而且不能被多个用户共享使用。

实验内容:使用局部变量程序名称 **E66. jsp**

```
< ％ @ page contentType = " text/html;charset = GBK" ％ >
< ％ int i = 0;％ >
您是第
< ％
  i ++ ;
  out. print(i);
％ > 位访问者
```

程序执行结果如图 6.4 所示。无论怎样点击刷新按钮,i 变量始终为 1。

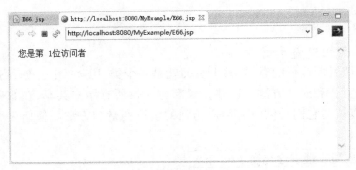

图6.4 局部变量的使用

可以看到,该程序去掉了程序 E65. jsp 中的"!",这样变量就成了局部变量了。页面被执行时,该变量每次都被初始化为0,所以不能用来计数,始终为1。

6.5 JSP 的内置对象

所谓 JSP 内置对象就是指,这些对象嵌在 JSP 容器中,由服务器系统提供,可以被开发者直接使用。主要有:

(1) out 对象:把信息输出到客户端浏览器中。

(2) response 对象:处理服务器端对客户端的一些响应。

(3) request 对象:用来得到客户端的信息。

(4) application 对象:用来保存网站的全局变量。

(5) session 对象:用来保存单个用户访问时的一些信息。

6.5.1 out 对象

把信息输出到客户端浏览器中,主要方法是:out. write( )。

实验内容:使用 out 对象程序名称 E67. jsp

```
< % @ page contentType = "text/html;charset = GBK" % >
< % out. print( "江苏大学" ) % >
```

如 < % …% > 之间只有一条输出语句,可以用 < %= % > 代替输出。

如:< % out. print("江苏大学");% > 可以替换为 < %= "江苏大学" % >。

6.5.2 response 对象

处理服务器端对客户端的一些响应。主要方法:response. sendRedirect( )实现跳转到任何一个指定地址的页面。

实验内容:使用 response 对象实现页面转向程序名称 E68. jsp

```
< % @ page contentType = "text/html;charset = GBK" % >
< %
  response. sendRedirect( "E67. jsp" );
% >
```

E68. jsp 程序执行结果如图6.5所示。

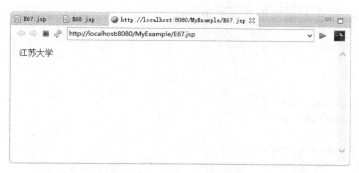

图 6.5　E68. jsp 执行结果

这种方式跳转和超级链接一样,可以将 session 对象带入另一页面中。如将 E67. jsp 和 E68. jsp 代码改为如下:

实验内容:使用 **out** 对象程序名称 **E671. jsp**

```
< % @ page contentType = "text/html;charset = GBK"% >
< % out. print( session. getAttribute( "x") ) ;% >
```

实验内容:使用 **response** 对象实现页面转向程序名称 **E681. jsp**

```
< % @ page contentType = "text/html;charset = GBK"% >
< %
  session. setAttribute( "x","江苏大学") ;
  response. sendRedirect( "E671. jsp") ;
% >
```

E681. jsp 程序执行结果如图 6.6 所示。从中可以看出,在 E681. jsp 中写入 session 对象 x 中的值"江苏大学"在 E671. jsp 中得到,输出结果为"江苏大学"。

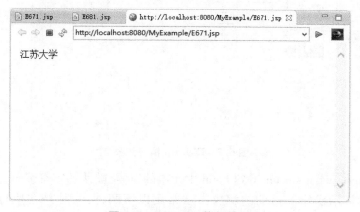

图 6.6　E681. jsp 执行结果

6.5.3　request 对象

用来得到客户端的信息。主要方法 request. getParameter( )用来获取用户客户端输入。如以下程序用来获取客户端的用户名和密码,并进行比较验证,实现页面的流程控制。

实验内容:使用 request 对象程序名称 E69.jsp

```
< % @ page contentType = "text/html;charset = GBK"% >
< %
  String user = null;
  String pass = null;
  user = request.getParameter("xm");
  pass = request.getParameter("mm");
  if (user! = null)
    if (user.equals("xyz")&&pass.equals("123"))
      response.sendRedirect("E66.jsp");
    else
      out.print("用户名或密码错误!");
    }
  else
% >
  < form action = "E69.jsp" method = "post" >
  < p > 用户名: < input type = "text" name = "xm" > < /p >
  < p > 密码: < input type = "password" name = "mm" > < /p >
  < input type = "submit" value = "确定" >
  < input type = "reset" value = "重置" >
  < /form >
< %
  }
% >
```

程序执行结果如图 6.7 所示。当用户输入正确的用户名和密码将执行 E66.jsp;否则,显示"用户名或密码错误!"。

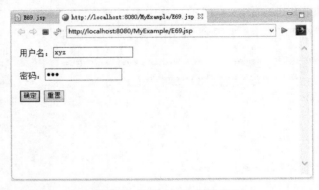

图 6.7　E69.jsp 执行结果

当利用 request.getParameter 得到 Form 中元素的时候,默认的字符编码为 ISO-8859-1,这种编码不能正确显示汉字。目前的解决方法常用以下两种:一种是在执行操作之前设置 request 的编码格式,语法是:

```
< %
  request.setCharacterEncoding("GBK");
  request.getParameter("xm");
% >
```

另一种是执行后转换编码,语法是:

```
< %
    String str = request. getParameter( "xm" ) ;
    byte b[ ] = str. getBytes( "ISO-8859-1" ) ;
    str = new String( b) ;
% >
```

6.5.4 application 对象

站点所有的用户共享 application 对象,当站点服务器开启时,application 对象就被创建,直到服务器关闭。利用这一特性,可以方便地创建聊天室和网站计数器等应用程序。主要方法为:

application. setAttribute(String key,object obj)将 obj 对象添加到 application 对象中,并标识为 key。

application. getAttribute(String key)获取标识为 key 的对象,由于任何对象都可以添加到 application 中,因此需要强制类型转换来转化为原始类型。

实验内容:使用 application 对象程序名称 E610. jsp

```
< % @ page contentType = "text/html;charset = GBK" % >
< % String x = "江苏大学" ;
  application. setAttribute( "str" ,x) ;//设置 application 对象
% >
 < % String y = ( String) application. getAttribute( "str" ) ;   //得到 application 对象保存值
   out. print( session. getId( ) ) ;   //显示用户的身份标识 id 编号
   out. print( " < br >" ) ;
   out. print( y) ;
% >
```

程序执行结果如图 6.8 所示。

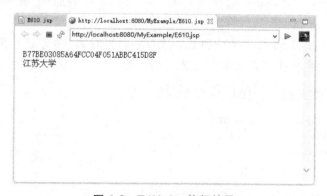

图 6.8   E610. jsp 执行结果

实验内容:使用 application 对象程序名称 E611. jsp

```
< % @ page contentType = "text/html;charset = GBK" % >
 < % String y = ( String) application. getAttribute( "str" ) ;   //得到 application 对象保存值
   out. print( session. getId( ) ) ;//显示用户的身份标识 id 编号
```

```
out. print( " < br > " ) ;
out. print( y ) ;
% >
```

程序执行结果如图 6.9 所示。

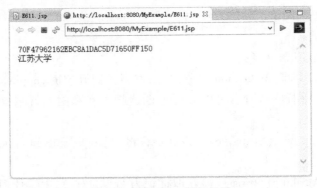

图 6.9　E611. jsp 执行结果

显然,在 E611. jsp 程序中并没有设置 application 值,而且从 id 身份标识看属于不同用户,同样可以获取 E610. jsp 程序中的 application 保存的值。application 对象保存的值不会因为某一个用户甚至全部用户离开而消失,一旦建立,它就一直存在直到网站关闭被自动释放。

6.5.5　session 对象

session 对象用来保存供单个用户共享的信息,这些信息在当前用户链接的所有页面中都是可以被访问的。可以使用 session 对象存储用户登录时的信息,当用户在页面之间跳转时,这些信息不会被清除。常用方法:

session. getId( )得到用户的身份标识 ID。

session. setAttribute(String key, object obj) 将 obj 对象添加到 session 对象中,并标识为 key。

session. getAttribute(String key)获取标识为 key 的对象,由于任何对象都可以添加到 session 中,因此需要强制类型转换来转化为原始类型。

实验内容:使用 session 对象程序名称 E612. jsp

```
< % @ page contentType = " text/html;charset = GBK" % >
< % String x = "江苏大学" ;
  session. setAttribute( " str" ,x ) ;
  % >
  < %
  String y = ( String ) session. getAttribute( " str" ) ;
  out. print( session. getId( ) ) ;
  out. print( " < br > " ) ;
  out. print( y ) ;
% >
< br >
< a href = " E613. jsp" >下一页 </a >
```

程序执行结果如图 6.10 所示。

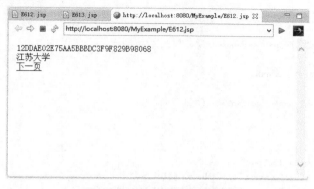

图 6.10　E612. jsp 执行结果

实验内容:使用 session 对象程序名称 E613. jsp

```
< % @ page contentType = " text/html;charset = GBK" % >
  < %
  String y = ( String) session. getAttribute( " str" ) ;
  out. print( session. getId( ) ) ;
  out. print( " < br > " ) ;
  out. print( y) ;
  % >
```

程序执行结果如图 6.11 所示。

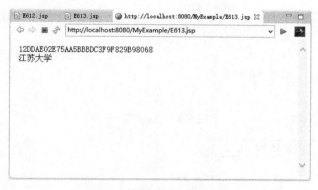

图 6.11　E613. jsp 执行结果

注意:这里是通过超接链接打开 E613. jsp,如果打开一个新的浏览器直接执行程序 E613. jsp 将取不到值,因为系统认为是不同用户的行为,所以 session 对象只能供同一个用户访问。利用 session 这一特性,我们可以实现网上购物系统。

实验内容:购物网一程序名称 buy1. jsp

```
< % @ page contentType = " text/html;charset = GBK" % >
< %
  if( request. getParameter( " c1" ) ! = null)
  {
```

```
    session. setAttribute("s1",request. getParameter("c1"));
  }
  if( request. getParameter("c2") ! = null)
  {
    session. setAttribute("s2",request. getParameter("c2"));
  }
  if( request. getParameter("c3") ! = null)
  {
    session. setAttribute("s3",request. getParameter("c3"));
  }
% >
各种肉大甩卖:< br >
< form action = "buy1. jsp"  method = "post" >
  < p > < input type = "checkbox"  name = "c1"  value = "猪肉" >猪肉 </p >
  < p > < input type = "checkbox"  name = "c2"  value = "牛肉" >牛肉 </p >
  < p > < input type = "checkbox"  name = "c3"  value = "羊肉" >羊肉 </p >
  < p > < input type = "submit"  value = "提交" > </p >
  < a href = "buy2. jsp" >买点别的 </a >
  < a href = "display. jsp" >查看购物车 </a >
</form >
```

程序执行结果如图 6.12 所示。

图 6.12　购物网一

实验内容:购物网二程序名称 buy2. jsp

```
< %@ page contentType = "text/html;charset = GBK"% >
< %
  if( request. getParameter("c4") ! = null)
  {
    session. setAttribute("s4",request. getParameter("c4"));
  }
  if( request. getParameter("c5") ! = null)
  {
    session. setAttribute("s5",request. getParameter("c5"));
  }
  if( request. getParameter("c6") ! = null)
  {
    session. setAttribute("s6",request. getParameter("c6"));
  }
```

```
% >
各种球大甩卖：< br >
< form action = " buy2. jsp"  method = " post" >
  < p > < input type = " checkbox"  name = " c4"  value = " 篮球" > 篮球 </p>
  < p > < input type = " checkbox"  name = " c5"  value = " 足球" > 足球 </p>
  < p > < input type = " checkbox"  name = " c6"  value = " 排球" > 排球 </p>
  < p > < input type = " submit"  value = " 提交" > </p>
  < a href = " buy1. jsp" > 买点别的 </a>
  < a href = " display. jsp" > 查看购物车 </a>
</form >
```

程序执行结果如图 6.13 所示。

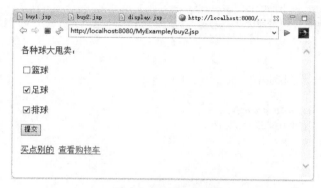

图 6.13　购物网二

选择几个商品提交，程序将商品信息保存到 session 中，可以单击"查看购物车"。

实验内容：购物车程序名称 display. jsp

```
< % @ page contentType = " text/html;charset = GBK" % >
您选择的结果是：
< center >
  < % String str = " " ;
    if( session. getAttribute( " s1" ) ! = null)
    {
      str = ( String) session. getAttribute( " s1" ) ;
      byte b[ ] = str. getBytes( " ISO-8859-1" ) ;
      str = new String( b) ;
      out. print( str + "  < br >" ) ;
    }
    if( session. getAttribute( " s2" ) ! = null)
    {
      str = ( String) session. getAttribute( " s2" ) ;
      byte b[ ] = str. getBytes( " ISO-8859-1" ) ;
      str = new String( b) ;
      out. print( str + "  < br >" ) ;
    }
    if( session. getAttribute( " s3" ) ! = null)
    {
      str = ( String) session. getAttribute( " s3" ) ;
      byte b[ ] = str. getBytes( " ISO-8859-1" ) ;
```

```
    str = new String( b) ;
    out. print( str + "  < br >") ;
  }
if( session. getAttribute( "s4") ! = null)
  {
    str = ( String) session. getAttribute( "s4") ;
    byte b[ ] = str. getBytes( "ISO-8859-1") ;
    str = new String( b) ;
    out. print( str + "  < br >") ;
  }
if( session. getAttribute( "s5") ! = null)
  {
    str = ( String) session. getAttribute( "s5") ;
    byte b[ ] = str. getBytes( "ISO-8859-1") ;
    str = new String( b) ;
    out. print( str + "  < br >") ;
  }
if( session. getAttribute( "s6") ! = null)
  {
    str = ( String) session. getAttribute( "s6") ;
    byte b[ ] = str. getBytes( "ISO-8859-1") ;
    str = new String( b) ;
    out. print( str + "  < br >") ;
  }
% >
</center >
```

程序运行结果如图 6.14 所示。

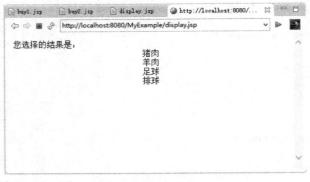

图 6.14　查看购物车

6.6　课后练习

（1）以医院药品收费为例,通过购物车来实现对药品信息的保存,把购买到的药品加入到购物车。

（2）以网站的计数器为例,实现网站的流量统计。

第7章　文件操作

通过本章内容学习和练习,使学生理解 Java/JSP 应用中如何实现对文件的读写操作。

学习目标:

(1) 掌握文件的创建;

(2) 掌握文件内容的写入;

(3) 掌握文件内容的读取。

7.1　创建文件

对文件的使用首先是能够创建文件,并能够了解文件的相关信息,比如文件存放路径、文件名、文件长度等。

实验内容:E71. java

```java
import java.io.File;
import java.io.IOException;
public class E71 {
public static void main(String[] args) {
    try {
        File f = new File("mytext.txt");
        if (!f.exists())
        {
        f.createNewFile();
        }
        System.out.println(f.getName());
        System.out.println(f.getAbsolutePath());
        System.out.println(f.length());
    } catch(IOException e)
    {e.printStackTrace();}
    }
}
```

程序运行结果如图 7.1 所示。

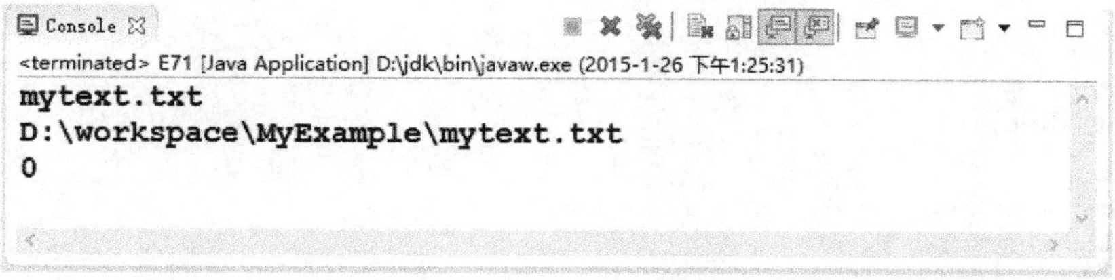

图 7.1　E71. java 运行结果

实验内容：**E71. jsp**

```
< % @ page language = "java" contentType = "text/html; charset = GB18030"% >
< % @ page import = "java. io. * "% >
  < %
  String path = request. getRealPath("/");
  out. println(path);
  File f = new File(path,"mytext. txt");
  if (! f. exists())
  {
  f. createNewFile();
  }
% >
文件信息如下: < br >
文件名: < % = f. getName() % > < br >
文件长度: < % = f. length() % >
```

程序运行结果如图 7.2 所示。

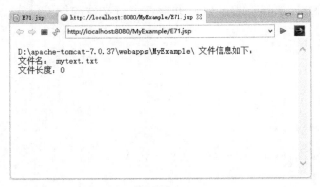

图 7.2　E71. jsp 运行结果

7.2　文件写入

（1）利用 FileOutputStream/BufferedOutputStream，实现对字节的写入。

实验内容：**E72. java**

```
import java. io. * ;
public class E72 {
  public static void main(String[] args) {
    try
    {
      File f = new File("mytext. txt");
      if (! f. exists())
      {
      f. createNewFile();
      }
    FileOutputStream outf = new FileOutputStream(f);
    BufferedOutputStream bufferout = new BufferedOutputStream(outf);
    byte b[] = new String("Java 技术是目前流行的语言!"). getBytes();
```

```
        bufferout. write( b ) ;
        bufferout. flush( ) ;
        bufferout. close( ) ;
        System. out. println( f. getName( ) ) ;
        System. out. println( f. getAbsolutePath( ) ) ;
        System. out. println( f. length( ) ) ;
        } catch( IOException e )
    {
        e. printStackTrace( ) ;
    }
  }
}
```

打开 D:\workspace\MyExample\mytext. txt 文件,可以看到如图 7.3 所示内容。

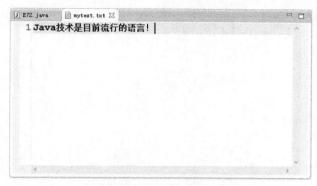

图 7.3　mytext. txt 文件内容

实验内容:E72. jsp

```
< % @ page language = " java"  contentType = " text/html; charset = GB18030" % >
< % @ page import = " java. io. * " % >
< %
    String path = request. getRealPath( "/" ) ;
    out. println( path ) ;
    File f = new File( path,"mytext. txt" ) ;
    if ( ! f. exists( ) )
    {
    f. createNewFile( ) ;
    }
FileOutputStream outf = new FileOutputStream( f ) ;
BufferedOutputStream bufferout = new BufferedOutputStream( outf ) ;
byte b[ ] = new String( "JSP 技术是目前流行的语言!" ). getBytes( ) ;
bufferout. write( b ) ;
bufferout. flush( ) ;
bufferout. close( ) ;
% >
文件信息如下: < br >
文件名: < % = f. getName( )% > < br >
文件长度: < % = f. length( )% >
```

程序运行结果如图 7.4 所示。可以看到文件长度变成了 25。打开文件可以看到写入的内容。

图 7.4　E72.jsp 运行结果

（2）利用 FileWriter/BufferedWriter，实现对字符的写入。

实验内容：E73.java

```
import java. io. * ;
public class E73 {
   public static void main( String[ ] args) {
      try
      {
         File f = new File( "mytext. txt" ) ;
         if ( ! f. exists( ) )
         {
         f. createNewFile( ) ;
         }
         FileWriter outf = new FileWriter( f) ;
         BufferedWriter bufferout = new BufferedWriter( outf) ;
         String str = "Java 技术是目前流行的语言!" ;
         bufferout. write( str) ;
         bufferout. flush( ) ;
         bufferout. close( ) ;
         System. out. println( f. getName( ) ) ;
         System. out. println( f. getAbsolutePath( ) ) ;
         System. out. println( f. length( ) ) ;
      } catch( IOException e)
      {
         e. printStackTrace( ) ;
      }
   }
}
```

程序运行结果如图 7.5 所示。打开文件可以看到写入的内容。

```
Console
<terminated> E73 [Java Application] D:\jdk\bin\javaw.exe (2015-1-26 下午1:57:38)
mytext.txt
D:\workspace\MyExample\mytext.txt
26
```

图 7.5　E73.java 运行结果

实验内容：**E73. jsp**

```
< % @ page language = " java"  contentType = " text/html; charset = GB18030" % >
< % @ page import = " java. io. * " % >
< %
    String path = request. getRealPath( "/") ;
    out. println( path) ;
    File f = new File( path, "mytext. txt") ;
    if ( ! f. exists( ) )
    {
    f. createNewFile( ) ;
    }
FileWriter outf = new FileWriter( f) ;
BufferedWriter bufferout = new BufferedWriter( outf) ;
String str = "JSP 技术是目前流行的语言!" ;
bufferout. write( str) ;
bufferout. flush( ) ;
bufferout. close( ) ;
% >
文件信息如下: < br >
文件名: < % = f. getName( ) % > < br >
文件长度: < % = f. length( ) % >
```

程序运行结果如图 7.4 所示,同样将内容写入文本文件中。

7.3　文件读取

（1）利用 FileInputStream/BufferedInputStream,实现对字节的读取。

实验内容：**E74. java**

```
import java. io. * ;
public class E74 {
    public static void main( String[ ] args) {
        try
        {
            File f = new File( "mytext. txt") ;
            FileInputStream inf = new FileInputStream( f) ;
            BufferedInputStream bufferin = new BufferedInputStream( inf) ;
            byte b[ ] = new byte[ 100] ;
            int n = 0 ;
            if( ( n = bufferin. read( b) ) ! = - 1)
            {
            String temp = new String( b,0,n) ;
            System. out. println( temp) ;
            }
            bufferin. close( ) ;
            inf. close( ) ;
        } catch( IOException e)
        {
            e. printStackTrace( ) ;
        }
    }
}
```

程序运行结果如图 7.6 所示。

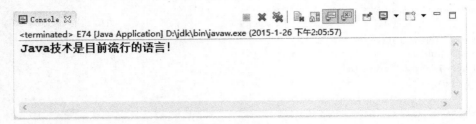

图 7.6　E74. java 运行结果

实验内容：E74. jsp

```
< % @ page language = "java"  contentType = "text/html; charset = GB18030" % >
< % @ page import = "java. io. * " % >
< %
  String path = request. getRealPath("/") ;
  File f = new File( path ,"mytext. txt") ;
  FileInputStream inf = new FileInputStream(f) ;
  BufferedInputStream bufferin = new BufferedInputStream( inf) ;
  byte b[ ] = new byte[ 100 ] ;
  int n = 0;
  if( ( n = bufferin. read( b) ) ! = - 1) {
  String temp = new String( b,0 ,n) ;
  out. println( temp) ;
  }
  bufferin. close( ) ;
  inf. close( ) ;
% >
```

程序运行结果如图 7.7 所示。

图 7.7　E74. jsp 运行结果

（2）利用 FileReader/BufferedReader，实现对字符的读取。

实验内容：**E75. java**

```java
import java. io. * ;
public class E75{
    public static void main( String[ ] args) {
        try{
            File f = new File( "mytext. txt") ;
            FileReader inf = new FileReader( f) ;
            BufferedReader bufferin = new BufferedReader( inf) ;
            String tempString = null;
            while( ( tempString = bufferin. readLine( ) )! = null)
            System. out. println( tempString) ;
            bufferin. close( ) ;
            inf. close( ) ;
        } catch( IOException e)
        {
            e. printStackTrace( ) ;
        }
    }
}
```

程序运行结果如图 7.6 所示,同样实现了利用 Java 应用程序对文本内容的读取。

实验内容：**E75. jsp**

```jsp
< % @ page language = "java" contentType = "text/html; charset = GB18030" % >
< % @ page import = "java. io. * " % >
< %
String path = request. getRealPath( "/") ;
File f = new File( path,"mytext. txt") ;
FileReader inf = new FileReader( f) ;
BufferedReader bufferin = new BufferedReader( inf) ;
String tempString = null;
while( ( tempString = bufferin. readLine( ) )! = null)
out. println( tempString) ;
bufferin. close( ) ;
inf. close( ) ;
% >
```

程序运行结果如图 7.7 所示,也同样实现了利用 JSP 页面对文本内容的读取。

7.4　课后练习

(1) 建立文件 myfile. txt。

(2) 分别以字节流和字符流的方式将 myfile. txt 文件中写入内容:全国重点大学 Jiangsu University。

(3) 分别以字节流和字符流的方式将 myfile. txt 文件中的内容输出。

(4) 将网站的流量数据永久保存到文件中,实现对网站流量的统计。

第 8 章　Servlet 技术

通过本章内容学习和练习,使学生理解 Servlet 和 JSP 之间的关系,并掌握 Servlet 服务器端小程序的编写,通过客户端和服务器的结合,实现和用户的动态交互。

学习目标:

(1) 掌握 Java Servlet 工作原理;

(2) 掌握 Java Servlet 的创建过程;

(3) 掌握 Java Servlet 的使用。

8.1　Java Servlet 简介

Servlet 是一个标准的 Java 类,它符合 Java 类的一般规则。和一般 Java 类不同之处就在于 Servlet 可以处理 HTTP 请求。在 Servlet API 中提供了大量的方法,可以在 Servlet 中调用。所以 Servlet 是服务器端的 Java 小程序,用于响应客户机的请求。

Servlet 与 JSP 的关系:

(1) JSP 是以另外一种方式实现的 Servlet,Servlet 是 JSP 的早期版本,在 JSP 中,更加注重页面的表现,而在 Servlet 中则更注重业务逻辑的实现。

(2) 当编写的页面显示效果比较复杂时,首选是 JSP。或者在开发过程中,HTML 代码经常发生变化,Java 代码则相对比较固定时,可以选择 JSP。我们在处理业务逻辑时,首选则是 Servlet。

(3) JSP 只能处理浏览器的请求,而 Servlet 则可以处理一个客户端的应用程序请求。因此,Servlet 加强了 Web 服务器的功能。

8.2　Servlet 的生命周期

Servlet 运行机制和 Applet 类似,Servlet 是在服务器端运行的,但是 Applet 是在客户端运行的。Servlet 是 javax. servlet 包中 HttpServlet 类的子类,由服务器完成该子类的创建和初始化。

Servlet 的生命周期主要由 3 个过程组成。

(1) init( )方法:服务器初始化 Servlet。

(2) service( )方法:初始化完毕,Servlet 对象调用该方法响应客户的请求。

(3) destroy( )方法:调用该方法消灭 Servlet 对象。

其中,init( )方法只在 Servlet 第一次被请求加载的时候被调用一次,当有客户再请求 Servlet 服务时,Web 服务器将启动一个新的线程,在该线程中,调用 service( )方法响应客户的请求。

8.3　Servlet 程序的编写与运行

在 MyExample 项目的 Java Resources 的 src 上右击,弹出如图 8.1 所示菜单。

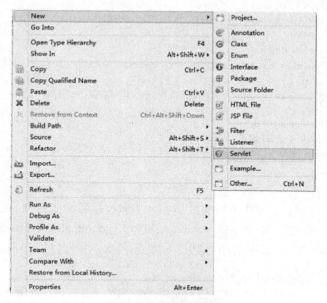

图 8.1　新建菜单选项

在该选项中选择 Servlet,弹出如图 8.2 所示创建 Servlet 界面。

图 8.2　Servlet 创建

在图 8.2 窗口【Class name】里输入:MyFirstServlet,点击【Finish】,进入代码编辑窗口。MyFirstServlet. java 中斜粗体为增加内容,其他内容为自动生成。

实验内容:一个简单的 Servlet 程序 MyFirstServlet. java

import java. io. IOException;

```
import java. io. PrintWriter;
import javax. servlet. ServletException;
import javax. servlet. annotation. WebServlet;
import javax. servlet. http. HttpServlet;
import javax. servlet. http. HttpServletRequest;
import javax. servlet. http. HttpServletResponse;
@ WebServlet("/MyFirstServlet")
public class MyFirstServlet extends HttpServlet {
  public void service( HttpServletRequest reqest, HttpServletResponse response) throws IOException
    {
      response. setCharacterEncoding("GBK");//设置中文编码,此句必须放首行才有效
      PrintWriter out = response. getWriter();
      out. println(" <HTML>  <BODY>");
      out. println("这是我的第一个Servlet程序");
      out. println(" </body>  </html>");
    }
}
```

和运行 JSP 程序一样,点击【Run as】【Run on Server】,启动服务器,运行结果如图 8.3 所示页面。我们看到,地址栏为:http://localhost:8080/MyExample/MyFirstServlet,如果在页面程序中要调用 Servlet 程序,需指明相对路径"/项目名/Servlet 名字"即可。

图 8.3 MyFirstServlet. java 运行结果

8.4 Servlet 与用户的交互

doGet 和 doPost 方法分别对应 Form 表单的属性 method 属性,method 属性有两种 get 和 post。利用 get 方法提交的信息出现在地址栏内,且总数据量不能超过 2K,否则将提交失败;利用 post 方法则在文件头传递,且没有容量方面的限制。

实验内容:提交表单程序 MyForm. htm

```
< html >  < body >
< form action = "/MyExample/MyFormServlet" method = "get" >
  < p >用户名: < input type = "text"  name = "xm" > </ p >
  < p >密码: < input type = "password"  name = "mm" > </ p >
  < input type = "submit"  value = "确定" >
  < input type = "reset"  value = "重置" >
</ form >
```

</body > </html >

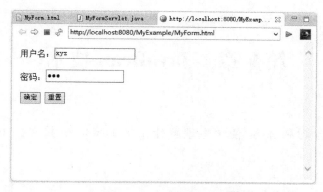

图 8.4 MyForm 表单

实验内容:表单提交处理程序 **MyFormServlet. java**

在 Eclipse 环境中创建 MyFormServlet. java,自动生成相应代码,找到 doGet 方法,添加如下代码:

```
protected void doGet(HttpServletRequest request, HttpServletResponse response) throws ServletException, IOException {
    response. setCharacterEncoding("GBK");
    PrintWriter pw = response. getWriter();
    String xm = request. getParameter("xm");
    String mm = request. getParameter("mm");
    pw. print("您的姓名为:" + xm);
    pw. print("<br >");
    pw. print("您的密码为:" + mm);
}
```

在图 8.4 中,输入用户名和密码,点击【确定】按钮,将客户端数据提交给服务器端 MyFormServlet 程序进行处理,get 提交会自动调用 doGet()方法,运行结果如图 8.5 所示。

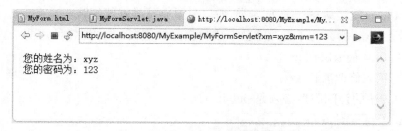

图 8.5 MyForm 表单提交结果

8.5 课后练习

(1)设计 Servlet 类,实现对客户端用户名和密码的登录验证。

(2)设计 Servlet 类,实现对页面的跳转控制操作。

第 9 章　JavaBean 技术

通过本章内容学习和练习,使学生理解什么是 JavaBean,并掌握 JavaBean 的定义和调用。

学习目标:

(1) 掌握 JavaBean 的工作原理;

(2) 掌握 JavaBean 的编写与使用;

(3) 掌握 JSP 的设计模式。

9.1　JavaBean 简介

JavaBean 是一种软件组件模型,与其他软件对象相互作用,决定如何建立和重用组件。这些可重用软件组件被称之为 Bean。

在 Sun 公司的 JavaBean 规范的定义中,Bean 的正式说法是:"Bean 是一个基于 Sun 公司的 JavaBean 规范的、可在编程工具中被可视化处理的可复用的软件组件"。

JavaBean 是基于 Sun 公司的 JavaBean 规范的,可在编程工具中被可视化处理的可复用的软件组件。因此 JavaBean 具有 4 个基本特性:(1) 独立性;(2) 可重用性;(3) 在可视化开发工具中使用;(4) 状态可以保存。

9.2　编写 Bean

编写 JavaBean 就是编写一个 Java 类,所以只要会写类就能编写一个 Bean。如果类的成员变量的名字是 xxx,那么为了更改或获取成员变量的值,在类中通常使用两个方法:

getXxx( ),用来获取属性 xxx。

setXxx( ),用来修改属性 xxx。

并且类中方法的访问属性必须是 public 的。

实验内容:Bean 程序名称 Student. java

```
package myBean;  //定义包,将类放于该包中,否则在 JSP 中调用可能不能识别
  public class Student{
  private String xm;
  private String xb;
  private int nl;
  public Student( )
  {}
  public Student( String xm, String xb, int nl) {
    this. xm = xm;
```

```
    this. xb = xb;
    this. nl = nl;
  }
public void setXm(String xm) {
    this. xm = xm;
  }
public void setXb(String xb) {
    this. xb = xb;
  }
public void setNl(int nl) {
    this. nl = nl;
  }
public String getAll() {
    return xm + " " + xb + " " + nl;
  }
}
```

9.3　使用 Bean

在 JSP 中调用 JavaBean 通常有 2 种方法，第一种方法如 E91. jsp 所示。

实验内容：调用 Bean 方法一程序名称 E91. jsp

```
< % @ page contentType = "text/html;charset = GBK" % >
< % @ page import = "MyBean. Student" % >
< html >
< body >
  < %
    Student st = new Student("张三","男",21);
    out. print(st. getAll());
  % >
</body >
</html >
```

程序中，使用"< % @ page import = "myBean. Student" % >"将 Student. class 类引入 JSP 页面，然后利用"Student st = new Student("张三","男",21);"创建对象实例 st。运行结果如图 9.1 所示。

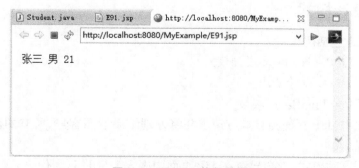

图 9.1　E91. jsp 执行结果

方法二，使用 JSP 操作指令将 Bean 引入 JSP 页面中，在 JSP 中专门提供三个页面指令来和 JavaBean 交互,分别是 jsp:useBean 指令、jsp:setProperty 指令和 jsp:getProperty 指令。具体的语法格式为:

<jsp:useBean id = "beanid" scope = "page|request|session|application" class = "package. class"/>

<jsp:setProperty name = "beanid" property = "属性" value = "值"/>

<jsp:getProperty name = "beanid" property = "属性"/>

其中,id 是当前页面中引用 JavaBean 的名字,JSP 页面中的 Java 代码将使用这个名字来访问 JavaBean。scope:指定 JavaBean 的作用范围,可以取 4 个值。

page:JavaBean 只能在当前页面中使用。在 JSP 页面执行完毕后,该 JavaBean 将会被进行垃圾回收。

request:JavaBean 在相邻的两个页面中有效。

session:JavaBean 在整个用户会话过程中都有效。

application:JavaBean 在当前整个 Web 应用的范围内有效。

jsp:setProperty 指令功能是设置 JavaBean 的属性。jsp:getProperty 操作指令功能是得到某个 JavaBean 的属性值。

实验内容:调用 Bean 方法二程序名称 E92. jsp

```
<% @ page contentType = "text/html;charset = GBK" % >
<jsp:useBean id = "st" scope = "page" class = "myBean. Student"/ >
<html >
<body >
  <jsp:setProperty name = "st" property = "xm" value = "张三"/ >
  <jsp:setProperty name = "st" property = "xb" value = "男"/ >
  <jsp:setProperty name = "st" property = "nl" value = "21"/ >
<%
  out. print( st. getAll( ) );
  % >
</body >
</html >
```

运行结果同样如图 9.1 所示。

9.4   JSP 设计模式

JSP 设计模式包括两个:

(1) 模式一,JSP + JavaBean 设计模式。

(2) 模式二,MVC 设计模式。

9.4.1   JSP + JavaBean 模式

在这种模式中,JSP 页面独自响应请求并将处理结果返回客户,所有的数据库操作通过 JavaBean 来实现。

大量地使用这种模式,常会导致在 JSP 页面中嵌入大量的 Java 代码,当需要处理的商业逻辑非常复杂时,这种情况就会变得很糟糕。大量的 Java 代码使得 JSP 页面变得非常臃肿,前端的页面设计人员稍有不慎,就有可能破坏关系到商业逻辑的代码。

这种情况在大型项目中经常出现,造成了代码开发和维护的困难,同时会导致项目管理的困难。因此这种模式只适用于中小规模的项目。

9.4.2　MVC 模式

在这种模式中,Servlet 用来处理请求的事务,充当了控制器(Controller 即"C")的角色,Servlet 负责响应客户对业务逻辑的请求并根据用户的请求行为,决定将哪个 JSP 页面发送给客户。JSP 页面处于表现层,也就是视图(View 即"V")的角色。JavaBean 则负责数据的处理,也就是模型(Model 即"M")的角色,如图 9.2 所示。

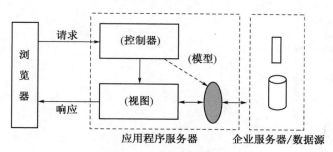

图 9.2　MVC 模式图

这种模式在开发大型项目时表现出的优势尤其突出,它具有更清晰的逻辑划分,能够有效的区分不同的开发者,避免彼此间的互相影响,充分发挥各自的特长。

下面以用户的登录为例使用 MVC 模式来实现,其中登录页面为 Form. html,登录成功显示页面 welcome. jsp,控制器 FormServlet. java 实现页面的跳转,模型 Check. java 用来检查用户是否合法。

实验内容:程序名称 Form. html

```
< html > < body >
< form action = "/MyExample/FormServlet" method = "get" >
  < p >用户名: < input type = "text" name = "xm" > < /p >
  < p >密码: < input type = "password" name = "mm" > < /p >
  < input type = "submit" value = "确定" >
  < input type = "reset" value = "重置" >
< /form >
< /body > < /html >
```

实验内容:程序名称 Welcome. jsp

```
< % @ page contentType = "text/html;charset = GBK" % >
< html > < body >登录成功! < /body > < /html >
```

实验内容:程序名称 Check. java

```
package myBean;
public class Check {
  public boolean check( String xm, String mm)
  { if( xm. equals( "xyz" )&&mm. equals( "123" ))
      return true;
```

```
    else
        return false;
}}
```

实验内容:程序名称 FormServlet. java

其他代码自动生成略,找到 doGet( )方法,添加如下代码:

```
protected void doGet(HttpServletRequest request, HttpServletResponse response) throws ServletException, IOException {
    String xm = request. getParameter("xm");
    String mm = request. getParameter("mm");
    Check c = new Check();
    if (c. check(xm, mm))
        response. sendRedirect("Welcome. jsp");
    else
        response. sendRedirect("Form. html");
}
```

9.5 课后练习

(1) 设计个人银行账户,实现对个人账户的存款、取款、查询额度功能,并通过 JSP 页面构造应用程序界面。

(2) 使用 MVC 模式实现对 Student 类的插入。通过 JSP 页面实现学生信息的输入,Servlet 实现页面的调用与转发,JavaBean 中封装对 Student 类信息的注入。

第 10 章　Java 数据库程序设计

通过本章内容学习和练习,使学生掌握 Java/JSP 数据库程序设计的一般原理和方法,实现对数据库表的动态查询、插入、删除、修改等操作。

学习目标:

(1) 掌握数据库应用开发原理和过程;

(2) 掌握 JDBC 的常用接口;

(3) 掌握数据库的事务处理;

(4) 掌握分页技术;

(5) 掌握如何使用 JavaBean 访问数据库。

10.1　数据库应用开发概述

作为有效的数据存储和组织管理工具,数据库的应用日益广泛,目前主流的数据库产品有 Oracle、SQL Server、DB2 和 MySQL 等。在数据库开发领域中,有两个方面需要掌握:SQL 语言、JDBC 数据库访问接口。

10.1.1　SQL 语言

SQL(Structured Query Language)是使用关系模型的数据库语言,用于和各类数据库连接,提供通用的数据管理和查询功能。SQL 语言最初由 IBM 公司开发,实现了关系数据库中的信息检索。后几经修改和完善,被国际标准化组织确定为国际标准,目前执行的是 1992 年制定的 SQL-92 标准。

SQL 可以为各种支持 SQL-92 标准的数据库管理系统(DBMS)所接受和处理,通常各种 DBMS 都提供图形用户界面,以使用户直接对数据库进行操作。但 SQL 语言本身并不是完整的编程语言,还需要与其他高级编程语言配合,才能实现应用程序对数据库的访问操作。

SQL 语句有如下的两大特点:

(1) SQL 是一种类似于英语的语言,很容易理解和书写。

(2) SQL 语言是非过程化的语言(第四代语言)。SQL 集 DDL(Data Definition Language:数据定义语言),DQL(Data Query Language:数据查询语言),DML(Data Manipulation Language:数据操纵语言)和 DCL(Data Control Language:数据控制语言)于一体。用 SQL 语言可以实现数据库生命周期的全部活动。

SQL 语言的分类如表 10.1 所示。

表 10.1　SQL 语言分类

SQL 分类	描述
数据定义语言(DDL)	数据定义语言(DDL)用于定义、修改或者删除数据库对象,如 Create Table 等。
数据查询语言(DQL)	数据查询语句(Data Query Language,DQL)用于对数据进行检索。如最常用的 Select 语句。
数据操纵语言(DML)	数据操纵语言(DML)用于访问、建立或者操纵在数据库中已经存在数据,如 Insert、Update 和 Delete,等等。
事务控制语言(TCL)	事务控制语言(Transact Control Language)管理 DML 语句所做的修改,是否保存修改或者放弃修改。如:Commit、Rollback、Savepoint、Set Transaction 等命令。
数据控制语言(DCL)	数据控制语言(DCL)管理对数据库内对象的访问权限的授予和回收,如 Grant、Revoke,等等。

10.1.2　MySQL 数据库的创建与使用

本节以 MySQL 为例讲解数据库的使用以及 SQL 语句的使用。

(1) MySQL 数据库的安装与配置

在 WEB 应用方面 MySQL 是最好的 RDBMS(Relational Database Management System:关系数据库管理系统)应用软件之一。

MySQL 具有如下特点:MySQL 是开源的,所以你不需要支付额外的费用;MySQL 支持大型的数据库,可以处理拥有上千万条记录的大型数据库;MySQL 使用标准的 SQL 数据语言形式;MySQL 可以允许于多个系统上,并且支持多种语言,这些编程语言包括 C、C++、Python、Java、Perl、PHP 等;MySQL 支持大型数据库,32 位系统表文件最大可支持 4 GB,64 位系统支持最大的表文件为 8 TB;MySQL 是可以定制的,采用了 GPL 协议,你可以修改源码来开发自己的 MySQL 系统。

MySQL 的安装包可以在 http://www.mysql.com/downloads 网站下载,本教程使用的是 mysql-noinstall-5.1.73-win.zip 免安装版,将其解压到 d:\,并将目录改为 mysql,如图 10.1 所示。

图 10.1　mysql 安装目录

　　MySQL 安装好了，需要设置环境变量：mysql_home、Path（不区分大小写）。方法：在桌面上右击 图标，在显示的右键菜单中选择【属性】，然后在弹出的【系统】窗口中选择【高级】【环境变量】，如图 10.2 所示。

图 10.2　系统环境变量配置

　　在环境变量窗口【系统变量(S)】中，新建环境变量【mysql_home】，设置值如图 10.3 所示。

图 10.3　环境变量 mysql_home 设置

　　【Path】环境变量已经存在，在【系统变量(S)】找到该变量，设置值如图 10.4 所示。

图 10.4　环境变量 path 设置

找到 c：\windows\system32 目录下的 cmd. exe 命令，如图 10.5 所示。

图 10.5　cmd 命令

在 cmd. exe 文件上右击，选择以管理员身份运行，得到如图 10.6 所示命令窗口。

图 10.6　cmd 命令窗口(1)

在命令窗口中，依次执行如图 10.7 所示命令，显示"Service successfully installed."表示服务已成功安装(补充：移除服务命令为 mysqld – remove)。

图 10.7　cmd 命令窗口(2)

然后,打开 window 8 的任务管理器,找到 MySQL 服务,如图 10.8 所示。

图 10.8　任务管理器

右击 MySQL,如图 10.9 所示,点击开始,显示正在运行,即表示 MySQL 启动成功。

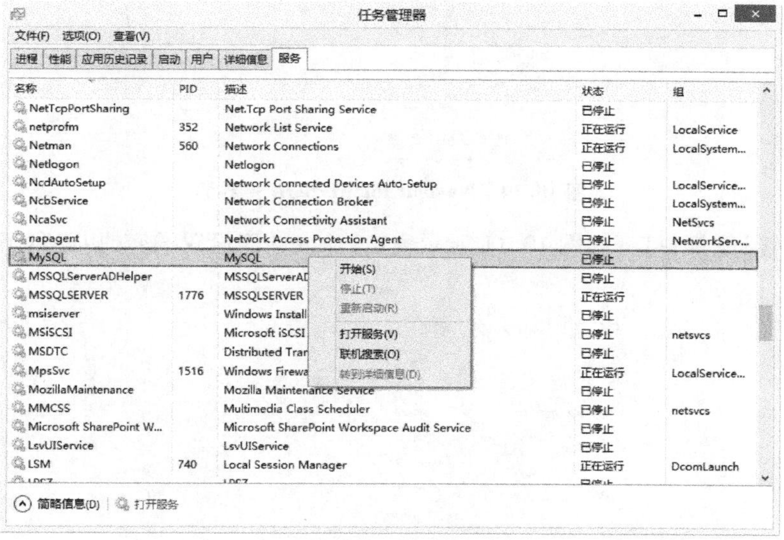

图 10.9　启动 MySQL

再次打开命令窗口,进入 d:\mysql\bin 目录,依次执行如下命令,就可以完成相应的功能。

修改登录密码:mysqladmin – uroot password 123456

登录:mysql – uroot – p123456

创建数据库:create database mydb;

打开数据库:use mydb;

创建表:create table xs(xh varchar(5),xm varchar(8),xb varchar(2));

如果在命令窗口中使用命令来实现对表的创建和使用,显然很不方便,好在有 Navicat for MySQL 软件,它是一套专为 MySQL 设计的强大数据库管理及开发工具,可以用于任何 3.21 或以上的 MySQL 数据库服务器,并支持大部分 MySQL 最新版本的功能,包括触发器、存储过程、函数、事件、检索、权限管理等。

(2) Navicat for MySQL 的安装与使用

遗憾的是 Navicat for MySQL 不像 MySQL 那样开源免费,本教程使用的 Navicat for MySQL 安装包为 navicat8_mysql_cs.exe 试用版,安装很简单,跟一般软件安装一样,点击安装包,默认设置,单击【下一步】直至完成安装,这时在桌面上生成快捷方式。

打开 Navicat for MySQL,进入如图 10.10 所示主界面。

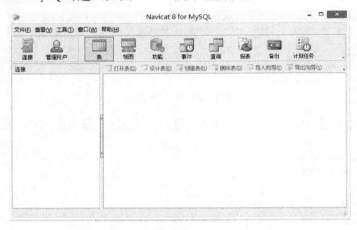

图 10.10　Navicat for MySQL 主界面

单击【连接】图标,打开如图 10.11 所示窗口,输入前面设置的密码:123456。

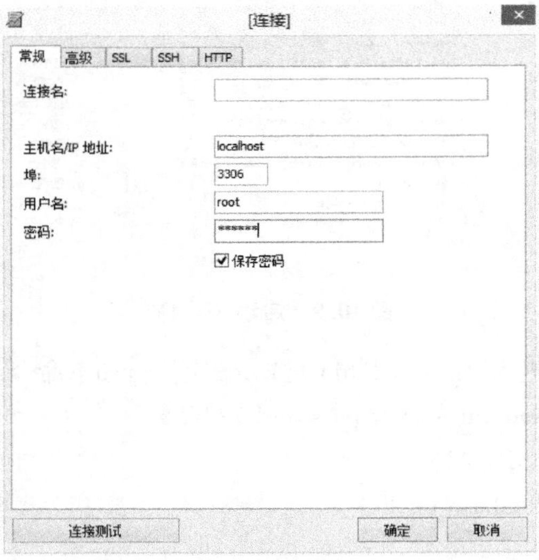

图 10.11　连接窗口

设置完成后,在图 10.11 中点击【连接测试】按钮可以测试是否连接成功,若连接成功,
点击【确定】,进入图 10.12 所示窗口。

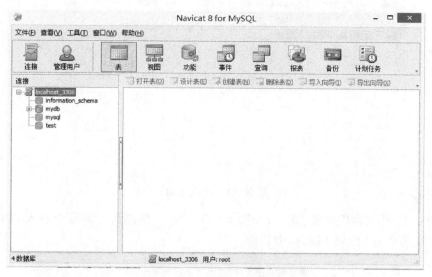

图 10.12　连接成功主界面窗口

至此,就可以利用这个客户端工具实现对数据库和表的创建、使用。具体操作请参考
Navicat for MySQL 相关教程,本教程略。

(3) SQL 操作 MySQL 数据库

首先创建一个 mydb 数据库,在 mydb 中包含两个表 xs 和 cj。

xs 表信息结构如图 10.13 所示,这里 xh 设置为主键。

图 10.13　xs 表结构

cj 表信息结构如图 10.14 所示,这里增加一个 id 为主键,并设置自动递增。

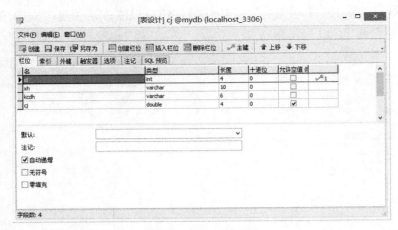

图 10.14　cj 表结构

接下来,打开【查询编辑器】窗口,如图 10.15 所示。在查询编辑器中输入 SQL 语句,单击【运行】,就可以在【结果 1】窗口中查看。

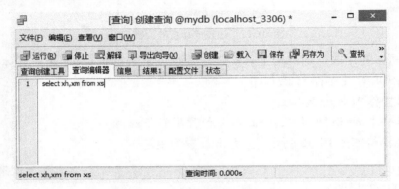

图 10.15　查询窗口

说明:以下实例 SQL 语句均在此环境下通过测试。

① 基本 SQL 语句

基本的 SQL 语句包括 DQL 和 DML。也就是对数据库最常用的四大基本操作:查询(Select)、插入(Insert)、更新(Update)和删除(Delete)。

a) select 语句

Select 语句语法:

　　select 输出列表

　　from 表

　　where 条件

　　group by 分组依据

　　having 分组后筛选条件

　　order by 排序依据

例 1：select ＊ from xs

功能说明：查询 xs 表的所有字段内容

例 2：select xh,xm from xs

功能说明：查询 xs 表的 xh,xm 字段内容

例 3：select ＊ from cj where cj ＞＝90

功能说明：查询 cj 表中成绩大于等于 90 分的所有记录

例 4：select ＊ from cj where xm like " 张％ "

功能说明：查询 xs 表中姓张的所有学生

例 5：select ＊ from xs where xm like " 张_"

功能说明：查询 xs 表中 xm 以"张"开头且字数为二的记录

例 6：select ＊ from cj order by cj desc

功能说明：查询 cj 表的所有记录,并按降序排列

例 7：select distinct xh from cj

功能说明：将 cj 表中 xh 字段重复的值去掉,取唯一值

例 8：select ＊ from cj order by cj desc limit 3

功能说明：取出 cj 表中成绩排前三的记录

b）insert 语句

Insert 语句语法：

　　Inert into 表(字段列表)

　　values（值列表）

例 1：insert into xs values("201306203"," 张天发"," 男")

功能说明：在 xs 表中插入该条记录(如果每个字段都有值,可省略字段列表)

例 2：insert into xs(xh,xm) values("201206204"," 王郝")

功能说明：在 xs 表中插入该条记录,仅包含 xh,xm 两个字段

c）update 语句

　　Update 语句语法：

　　Update 表

　　set 字段值＝新值

　　where 条件

例 1：update xs set xb＝" 女" where xh＝"201206204"

功能说明：将 xs 表中 xh 为"201206204"的记录 xb 改为"女"

例 2：update cj set cj＝cj＋10 where xh like "％062％ "

功能说明：将 cj 表中 xh 包含"062"的所有记录 cj 加 10 分

d）delete 语句

Delete 语句语法：

　　Delete from 表

　　where 条件

例：delete from xs where xh = "201306204"

功能说明：删除 xs 表中 xh 为"201306204"的记录（注意：如果没有 where 条件，删除全部记录）

② 分组查询

分组函数在实际应用中经常使用，功能是做一些基本的统计和计算。分组函数有 5 个，分别是 sum 函数、avg 函数、count 函数、max 函数和 min 函数。在 select 语句中，分组函数通常和 group by 和 having 子句连用，group by 用来设定分组依据，having 设定分组后筛选条件。

a）sum 函数

功能是算出某个字段的总值。

例：select kcdh,sum(cj) as total from cj group by kcdh

功能说明：查询出各门课程的总成绩

b）avg 函数

功能是算出某个字段的平均值。

例 1：select kcdh,avg(cj) as average from cj group by kcdh

功能说明：查询出各门课程的平均成绩

例 2：select kcdh,avg(cj) as average from cj group by kcdh having avg(cj) > = 80

功能说明：查询出各门课程平均成绩大于等于 80 的记录

c）count 函数

功能是算出返回记录的行数。

例：select kcdh,count(*) as counts from cj group by kcdh

功能说明：查询出各门课程的选课人数

d）max 函数

功能是算出某个字段的最大值。

例：select kcdh,max(cj) as first from cj group by kcdh

功能说明：查询出各门课程的最高分

e）min 函数

功能是算出某个字段的最小值。

例：select kcdh,min(cj) as last from cj group by kcdh

功能说明：查询出各门课程的最低分

③ 多表查询

例：select a. xh,xm,kcdh,cj from xs a,cj b where a. xh = b. xh and a. xh like " * 061 * "

功能说明：查询 xh 中包含"061"的所有学生课程成绩

10.1.3　JDBC 数据访问接口

为支持 Java 程序的数据库操作功能，Java 语言采用了专门 Java 数据库编程接口（JDBC，Java DataBase Connectivity），用于在 Java 程序中实现数据库操作功能并简化操作过程。JDBC 支持基本 SQL 语句，提供多样化的数据库连接方式，为各种不同的数据库提供统一的操作界面（图 10.16）。

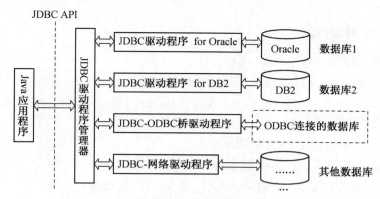

图 10.16　JDBC 接口

使用 JDBC 必须要加载该数据库的 JDBC 驱动程序。大多数数据库都有 JDBC 驱动程序，常用的 JDBC 驱动程序如图 10.17 所示。

图 10.17　常用 JDBC 驱动程序

其中 classes12. jar 是 Oracle 的驱动程序，db2java. jar 是 DB2 的驱动程序，mssqlserver. jar 是 SQL Server 的驱动程序，mysql. jar 是 MySQL 的驱动程序。

下面以配置 MySQL 的 JDBC 驱动程序为例来说明：

首先，下载驱动程序包，本教程使用的版本是 mysql-connector-java-5. 1. 7-bin. jar。

然后，将其放置在项目的 WEB-INF/lib 目录中即可，如图 10.18 所示。

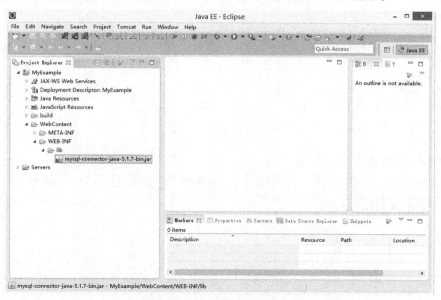

图 10.18　配置 MySQL 驱动程序包

10.2　DriverManager

用来管理数据库驱动程序的类,主要方法:

getConnection(String url):与 url 所表示的数据源连接。

getConnection(String url,String user,String password):与 url 所表示的数据源连接,同时需要提供用户名和密码。

url 格式:jdbc:<子协议>:<数据源名>

如:jdbc:odbc:mydb(连接 odbc 数据源)

　　jdbc:mysql://localhost:3306/mydb(连接 MySQL 数据源)

　　jdbc:microsoft:sqlserver://localhost:1433;DatabaseName=mydb(连接 SQL Server)

实验内容:使用 JDBC 直接连接 MySQL 数据源 Conn.java

```java
import java.sql.*;
public class Conn{
  public static void main(String[] args){
    Connection conn=null;
    try
    {
      Class.forName("com.mysql.jdbc.Driver");
    }
    catch(ClassNotFoundException e)
    {System.out.print(e.getMessage());}
    try
    {
      String url="jdbc:mysql://localhost:3306/mydb";
      String user="root";
      String password="123456";
      conn=DriverManager.getConnection(url,user,password);
      System.out.print("数据库连接成功,恭喜你");
      conn.close();
    }
    catch(SQLException e)
    {System.out.print(e.getMessage());}
  }
}
```

程序执行结果如图 10.19 所示。

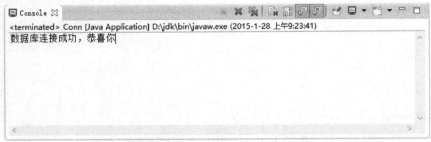

图 10.19　Conn.java 执行结果

实验内容:使用 JDBC 直接连接 MySQL 数据源 E101.jsp

```
<%@ page contentType="text/html;charset=gb2312"%>
<%@ page import="java.sql.*"%>
<%
try
  {
  Class.forName("com.mysql.jdbc.Driver");
  }
  catch(ClassNotFoundException ee)
  {out.print(ee.getMessage());}
  String url="jdbc:mysql://localhost:3306/mydb";
  String user="root";
  String password="123456";
  Connection conn=DriverManager.getConnection(url,user,password);
  out.print("数据库连接成功,恭喜你");
%>
<%
  conn.close();
%>
```

程序执行结果如图 10.20 所示。

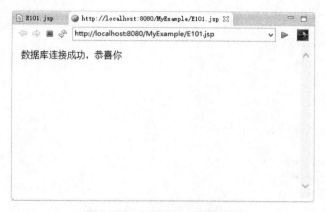

图 10.20　E101.jsp 执行结果

10.3　Connection

建立与数据库之间的连接,也就是创建一个 Connection 的实例。DriverManager 类的 getConnection()方法用于建立数据库的连接。在程序的最后,应该关闭 Connection 对象。其主要方法有:

close():关闭连接,释放资源。

createStatement():创建一个 Statement 组件,执行 SQL 语句。

prepareStatement():创建一个 PreparedStatement 组件,执行带有参数的 SQL 语句。

prepareCall():创建一个 CallableStatement 组件,执行存储过程。

连接一旦建立,就可用来向它所涉及的数据库传送 SQL 语句,从而实现对数据库中表的操作。

10.4　Statement

Statement 对象用于将 SQL 语句发送到数据库中。存在 3 种 Statement 对象:

(1) Statement;

(2) PreparedStatement(从 Statement 继承而来);

(3) CallableStatement(从 PreparedStatement 继承而来)。

常用方法:

close():关闭连接,释放资源。

executeQuery(String sql):执行 select 命令,返回记录结果集,保存在 ResultSet 对象中。

executeUpdate(String sql):执行 insert、update、delete、create、drop、alter 命令,返回一个整数,只是受影响的行数。

setXYZ(int index,XYZ x):设置参数值。将第 index 个参数设置为 x,XYZ 代表字段的数据类型。

实验内容:使用 Statement 查询数据 Stmt. java

```java
import java.sql. * ;
  public class Stmt {
    public static void main(String[ ] args) {
    Connection conn = null;
    Statement stmt = null;
    ResultSet rs = null;
    try
      {
      Class. forName(" com. mysql. jdbc. Driver");
      }
      catch(ClassNotFoundException e)
      {System. out. print(e. getMessage());}
    try
    {
      String url = " jdbc:mysql://localhost:3306/mydb";
      String user = " root";
      String password = "123456";
      conn = DriverManager. getConnection(url,user,password);
      stmt = conn. createStatement();
      rs = stmt. executeQuery(" select * from xs");
      while(rs. next())
      {
        System. out. print(rs. getString(" xm") + "  ");
        System. out. print(rs. getString(" xb"));
        System. out. println();
      }
      conn. close();
      stmt. close();
      rs. close();
    }
```

```
catch(SQLException e)
{System. out. print( e. getMessage( ));}
}
}
```

程序执行结果如图 10.21 所示。

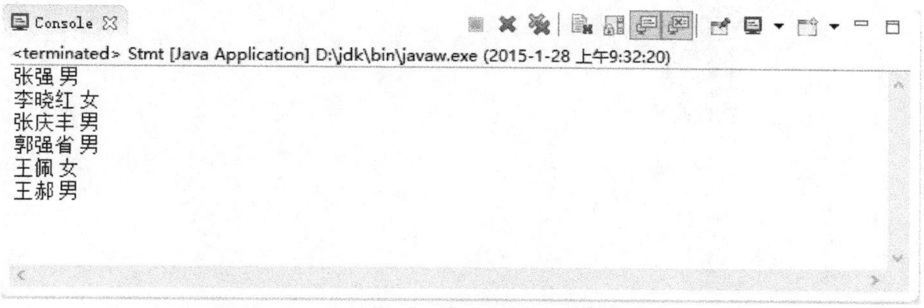

张强 男
李晓红 女
张庆丰 男
郭强省 男
王佩 女
王郝 男

图 10.21　Stmt. java 执行结果

实验内容:使用 Statement 查询数据 E102. jsp

```
< % @ page contentType = "text/html;charset = GBK"% >
< % @ page import = "java. sql. * "% >
< %
  Connection conn = null;
  Statement stmt = null;
  ResultSet rs = null;
  try
  {
    Class. forName("com. mysql. jdbc. Driver");
  }
  catch( ClassNotFoundException e){ }
  try
  {
  String url = "jdbc:mysql://localhost:3306/mydb";
  String user = "root";
  String password = "123456";
  conn = DriverManager. getConnection( url,user,password);
    stmt = conn. createStatement( );
    rs = stmt. executeQuery("select * from xs");
    while( rs. next( ))
  {
    out. print( rs. getString("xm") + " ");
    out. print( rs. getString("xb"));
    out. print(" < br > ");
  }
  }
  catch( SQLException ee){ }
  finally
  {
    stmt. close( );
    conn. close( );
  }
```

%>

程序执行结果如图 10.22 所示。

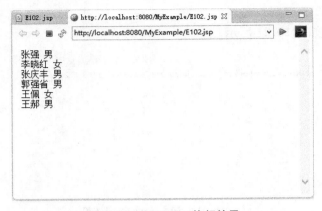

图 10.22 E102.jsp 执行结果

实验内容:使用 PreparedStatement 插入数据 Pstmt.java

```java
import java.sql. * ;
  public class Pstmt {
    public static void main(String[ ] args) {
    Connection conn = null;
    Statement stmt = null;
    PreparedStatement pstmt = null;
    ResultSet rs = null;
    try
      {
      Class.forName("com.mysql.jdbc.Driver");
      }
      catch(ClassNotFoundException e)
      {System.out.print(e.getMessage());}
    try
      {
      String url = "jdbc:mysql://localhost:3306/mydb";
      String user = "root";
      String password = "123456";
      conn = DriverManager.getConnection(url,user,password);
      stmt = conn.createStatement();
      pstmt = conn.prepareStatement("insert into xs values(?,?,?)");
      pstmt.setString(1,"201406107");
      pstmt.setString(2,"王强");
      pstmt.setString(3,"男");
      pstmt.execute();
      rs = stmt.executeQuery("select * from xs");
      while(rs.next())
        {
        System.out.print(rs.getString("xm") + " ");
        System.out.print(rs.getString("xb"));
        System.out.println();
```

```
        }
    conn. close( ) ;
    stmt. close( ) ;
    pstmt. close( ) ;
    rs. close( ) ;
    }
  catch( SQLException e)
  {System. out. print( e. getMessage( ) ) ;}
  }
}
```

程序执行结果如图 10.23 所示。

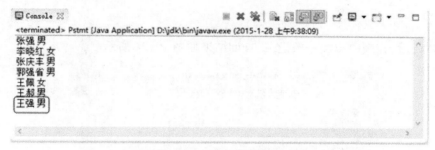

图 10.23　Pstmt. java 执行结果

实验内容:使用 PreparedStatement 插入数据 E103. jsp

```
< % @ page contentType = " text/html ; charset = GBK" % >
< % @ page import = " java. sql. * " % >
< %
Connection conn = null ;
Statement stmt = null ;
PreparedStatement pstmt = null ;
ResultSet rs = null ;
try
{
    Class. forName( " com. mysql. jdbc. Driver" ) ;
}
catch( ClassNotFoundException e) { }
try
{
String url = " jdbc : mysql ://localhost :3306/mydb" ;
String user = " root" ;
String password = "123456" ;
conn = DriverManager. getConnection( url , user , password) ;
pstmt = conn. prepareStatement( " insert into xs values( ? , ? , ?) " ) ;
pstmt. setString( 1 , "201406107" ) ;
pstmt. setString( 2 , " 王强" ) ;
pstmt. setString( 3 , " 男" ) ;
pstmt. execute( ) ;
    stmt = conn. createStatement( ) ;
    rs = stmt. executeQuery( " select * from xs" ) ;
    while( rs. next( ) )
```

```
        {
            out. print( rs. getString( "xm" ) + " " );
            out. print( rs. getString( "xb" ) );
            out. print( " < br > " );
        }
    }
    catch( SQLException ee) { }
    finally
    {
        pstmt. close( );
        stmt. close( );
        conn. close( );
    }
% >
```

程序执行后,在表中添加一条记录,查询结果如图 10.24 所示。

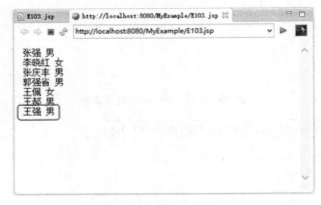

图 10.24　E103. jsp 执行结果

10.5　ResultSet

ResultSet 包含符合 SQL 语句执行结果所有行,并且它通过一套 get 方法提供了对这些行中数据的访问,常用的 get 方法有:

getXYZ(int index):得到第 index 个字段值,XYZ 代表该列字段的类型。

getXYZ(String 字段名):得到指定字段的值,XYZ 代表该字段的类型。

next( ):将光标移到下一条,并返回 true 或 false。

10.6　实现数据库的事务处理

事务是一些事件的集合,执行一条 SQL 语句可以理解成一个事件,事务中包含多个事件,当所有事件都执行成功,事务才执行,若有任何一个事件执行不成功,事务的其他事件也不执行,主要为了维护数据的安全性。

| 实验内容:使用事务处理程序 **Trans. java** |

```
import java. sql. * ;
```

```java
public class Trans {
    public static void main(String[] args) {
        Connection conn = null;
        Statement stmt = null;
        boolean defaultCommit = false;
        String strSQL1 = "insert into xs(xh,xm,xb) values('201306108','顾红','男')";
        String strSQL2 = "update xs set xb = '女' where xh = '201306108'";
        try {
            Class.forName("com.mysql.jdbc.Driver");
        }
        catch(ClassNotFoundException e) {
            System.out.println(e.getMessage());
        }
        try {
            String url = "jdbc:mysql://localhost:3306/mydb";
            String user = "root";
            String password = "123456";
            conn = DriverManager.getConnection(url,user,password);
            defaultCommit = conn.getAutoCommit();
            conn.setAutoCommit(false);
            stmt = conn.createStatement();
            stmt.executeUpdate(strSQL1);
            stmt.executeUpdate(strSQL2);
            conn.commit();
        }
        catch (Exception e) {
            try
            {conn.rollback();} catch(Exception ee){}
        }
        finally {
            try
            {
            conn.setAutoCommit(defaultCommit);
            if (stmt!=null) {
                stmt.close();
            }
            if (conn!=null) {
                conn.close();
            }
            } catch(Exception e){}
        }
    }
}
```

程序执行后，打开数据库 xs 表，可以看到顾红添加记录时性别为"男"，紧接着将其改为"女"，结果如图 10.25 所示。

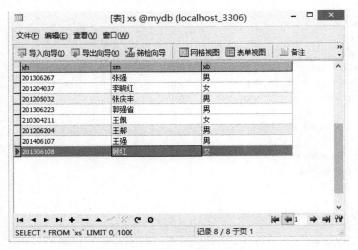

图 10.25　Trans. java 执行结果

实验内容:使用事务处理程序 E104.jsp

```
<% @ page contentType = " text/html;charset = gb2312" % >
<% @ page import = " java. sql. * " % >
<%
Connection conn = null;
Statement stmt = null;
boolean defaultCommit = false;
String strSQL1 = " insert into xs( xh,xm,xb) values( '201306108','顾红','男')";
String strSQL2 = " update xs set xb = '女' where xh = '201306108'";
try{
    Class. forName( " com. mysql. jdbc. Driver");
}
catch( ClassNotFoundException ce) {
  out. println( ce. getMessage( ));
}
try {
  String url = " jdbc:mysql://localhost:3306/mydb";
  String user = " root";
  String password = "123456";
  conn = DriverManager. getConnection( url,user,password);
  defaultCommit = conn. getAutoCommit( );
  conn. setAutoCommit( false);
  stmt = conn. createStatement( );
  stmt. executeUpdate( strSQL1);
  stmt. executeUpdate( strSQL2);
  conn. commit( );
}
catch ( Exception e) {
  conn. rollback( );
}
finally {
  conn. setAutoCommit( defaultCommit);
  if ( stmt! = null) {
```

```
    stmt. close( ) ;
  }
  if ( conn ! = null)  {
    conn. close( ) ;
  }
}
% >
```

同样得到如图 10.25 所示结果。

10.7　实现分页显示

在实际应用中,表中记录往往比较多,在一页上全部显示是不现实的,这时需要使用分页显示功能。

> **实验内容:分页显示程序 E105. jsp**

```
< % @ page contentType = " text/html; charset = gb2312 " % >
< % @ page contentType = " text/html; charset = gb2312 " % >
< % @ page import = " java. sql. * " % >
< HTML > < BODY >
< %
Connection conn = null;
Statement stmt = null;
ResultSet rs = null;
String strSQL = "  " ;
int PageSize = 2;   //每页显示 2 条记录
int Page = 1;
int totalPage = 1;
int totalrecord = 0;
try {
    Class. forName( " com. mysql. jdbc. Driver" ) ;
}
catch( ClassNotFoundException ce) {
    out. println( ce. getMessage( ) ) ;
}
try {
    String url = " jdbc; mysql;//localhost;3306/mydb" ;
    String user = " root" ;
    String password = " 123456" ;
    conn = DriverManager. getConnection( url, user, password) ;
    stmt = conn. createStatement(
        ResultSet. TYPE_SCROLL_INSENSITIVE,
        ResultSet. CONCUR_READ_ONLY) ;
    //算出总行数
    strSQL = " SELECT count( * ) as recordcount FROM xs" ;
    rs = stmt. executeQuery( strSQL) ;
    if ( rs. next( ) ) totalrecord = rs. getInt( " recordcount" ) ;
    //输出记录
    strSQL = " SELECT * FROM xs" ;
    rs = stmt. executeQuery( strSQL) ;
    if( totalrecord % PageSize = = 0)//   如果是当前页码的整数倍
```

```
        totalPage = totalrecord/PageSize;
    else   //如果最后还空余一页
        totalPage = (int) Math. floor( totalrecord/PageSize) + 1;
    if( totalPage == 0) totalPage = 1;
    if( request. getParameter( "Page") == null || request. getParameter( "Page"). equals( ""))
        Page = 1;
    else
    try {
        Page = Integer. parseInt( request. getParameter( "Page"));
    }
    catch( java. lang. NumberFormatException e) {
        //捕获用户从浏览器地址栏直接输入 Page = sdfsdfsdf 所造成的异常
        Page = 1;
    }
    if( Page < 1) Page = 1;
    if( Page > totalPage) Page = totalPage;
    rs. absolute( ( Page - 1) * PageSize + 1);
    out. print( " < TABLE BORDER = '1' > ");
    for( int iPage = 1; iPage <= PageSize; iPage ++)
    {
        out. print( " < TR > < TD >" + rs. getString( "xh") + " </TD >");
        out. print( " < TD >" + rs. getString( "xm") + " </TD >");
        out. print( " < TD >" + rs. getString( "xb") + " </TD >");
        if( ! rs. next( )) break;
    }
    out. print( " </TABLE >");
}
catch( SQLException e) {
    System. out. println( e. getMessage( ));
}
finally {
    stmt. close( );
    conn. close( );
}
% >
< FORM action = " E105. jsp"  method = " GET" >
< %
    if( Page! = 1) {
        out. print( " < A HREF = E105. jsp?  Page = 1 > 第一页 </A >");
        out. print( " < A HREF = E105. jsp?  Page = " + (Page - 1) + " > 上一页 </A >");
    }
    if( Page! = totalPage) {
        out. print( " < A HREF = E105. jsp?  Page = " + (Page + 1) + " > 下一页 </A >");
        out. print( " < A HREF = E105. jsp?  Page = " + totalPage + " > 最后一页 </A >");
    }
% >
< BR > 输入页数: < input TYPE = " TEXT"  Name = " Page"  SIZE = " 3" >
< input type = " submit"  value = " go" >
页数: < font COLOR = " Red" > < % = Page% > / < % = totalPage% > </font >
</FORM >
```

　　程序执行结果如图 10.26 所示。

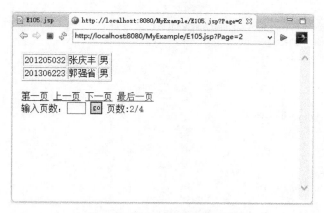

图 10.26　E105.jsp 执行结果

10.8　使用 JavaBean 访问数据库

从上面程序中,我们可以看到数据库连接过程很多代码是重复的,要在不同程序中反复重写,不利于代码的维护和编写效率。在实际应用开发中,访问数据库通常非常频繁,一般将其封装到 JavaBean 中,这样可以提高编写效率,并有利于代码的维护。

10.8.1　编写 JavaBean

实验内容:JavaBean 操作数据库程序 SqlDB. java

```java
package myBean;
import java. sql. * ;
public class SqlDB
{
  String DBDriver = " com. mysql. jdbc. Driver" ;
  String url = " jdbc:mysql://localhost:3306/mydb" ;
  String user = " root" ;
  String password = "123456" ;
  Connection conn = null;
  ResultSet rs = null;
  public SqlDB( )
  {
    try
    {
      Class. forName( DBDriver) ;
    }
    catch( ClassNotFoundException e)
    {
      System. out. println( e. getMessage( ) ) ;
    }
  }
//定义 executeQuery 方法
public ResultSet executeQuery( String sql)
  {
    rs = null;
    try
```

```
        {
            conn = DriverManager. getConnection(url,user,password);
            Statement stmt = conn. createStatement();
            rs = stmt. executeQuery(sql);
        }
    catch(SQLException e1)
        {
            System. out. println(e1. getMessage());
        }
        return rs;
}
//定义 executeUpdate 方法
public void executeUpdate(String sql)
{
    try
        {
            conn = DriverManager. getConnection(url,user,password);
            Statement stmt = conn. createStatement();
            stmt. executeUpdate(sql);
            stmt. close();
            conn. close();
        }
    catch(SQLException e2)
        {
            System. out. println(e2. getMessage());
        }
    }
}
```

10.8.2 调用 JavaBean

首先在 JSP 页面中引入 JavaBean,然后调用 JavaBean 提供的方法实现对数据库的操作。

实验内容:调用 JavaBean 查询数据库程序 BeanStmt. java

```
import java. sql. * ;
import myBean. SqlDB;
    public class BeanStmt {
        public static void main(String[ ] args) {
        SqlDB db = new SqlDB();
        ResultSet rs = null;
        try
        {
            rs = db. executeQuery("select * from xs");
            while(rs. next())
            {
                System. out. print(rs. getString("xm") + " ");
                System. out. print(rs. getString("xb"));
                System. out. println();
            }
            rs. close();
        }
        catch(SQLException e)
        {System. out. print(e. getMessage());}
```

```
    }
}
```

程序执行结果如图 10.27 所示。

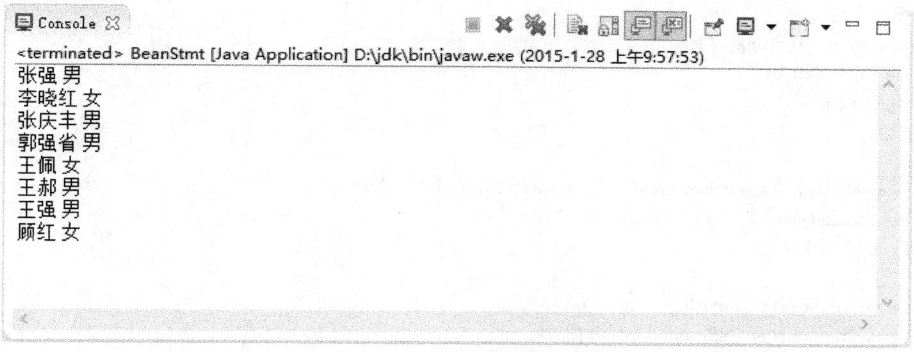

图 10.27　BeanStmt. java 执行结果

实验内容:调用 JavaBean 查询数据库程序 E106. jsp

```
< % @ page contentType = " text/html; charset = GBK" % >
< % @ page import = " java. sql. * " % >
< % @ page import = " myBean. SqlDB" % >
< %
  SqlDB db = new SqlDB( ) ;
  ResultSet rs = db. executeQuery( " select * from xs" ) ;
  while( rs. next( ) )
  {
    out. print( rs. getString( " xh" ) + " " ) ;
    out. print( rs. getString( " xm" ) + " " ) ;
    out. print( rs. getString( " xb" ) ) ;
    out. print( " < br > " ) ;
  }
% >
```

程序 E106. jsp 执行结果如图 10.28 所示。

图 10.28　E106. jsp 执行结果

实验内容:调用 JavaBean 操作数据库程序 BeanUpdate. java

```java
import java. sql. * ;
import myBean. SqlDB;
public class BeanUpdate {
    public static void main( String[ ] args) {
        SqlDB db = new SqlDB( ) ;
        ResultSet rs = null;
        try
        {
            db. executeUpdate( " insert into xs( xh, xm)  values( '201406205', '萧墙') " ) ;
            rs = db. executeQuery( " select * from xs" ) ;
            while( rs. next( ) )
            {
                System. out. print( rs. getString( " xm" ) + " " ) ;
                System. out. print( rs. getString( " xb" ) ) ;
                System. out. println( ) ;
            }
            rs. close( ) ;
        }
        catch( SQLException e)
        { System. out. print( e. getMessage( ) ) ; }
    }
}
```

程序执行结果如图 10. 29 所示,性别因为未插入值,默认为"null"。

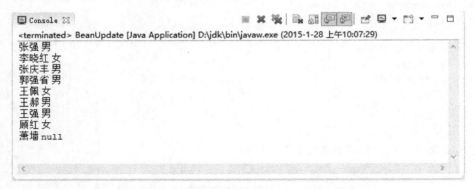

图 10.29　BeanUpdate. java 执行结果

实验内容:调用 JavaBean 操作数据库程序 E107. jsp

```jsp
< % @ page contentType = " text/html; charset = GBK" % >
< % @ page import = " java. sql. * " % >
< % @ page import = " myBean. SqlDB" % >
< %
SqlDB db = new SqlDB( ) ;
db. executeUpdate( " insert into xs( xh, xm)  values( '201406205', '萧墙') " ) ;
ResultSet rs = db. executeQuery( " select * from xs" ) ;
% >
< ! - -用表格来布局记录的显示- - >
```

```
< table >
< tr > < td >学号 </td > < td >姓名 </td > < td >性别 </td > </tr >
< %
  while( rs. next( ) )
  ｛
% >
    < tr >
    < td > < %= rs. getString( "xh" )% > </td >
    < td > < %= rs. getString( "xm" )% > </td >
    < td > < %= rs. getString( "xb" )% > </td >
    </tr >
< %
  ｝
% >
</table >
```

　　程序执行结果如图 10.30 所示,记录通过表格来布局,显得更加整洁。

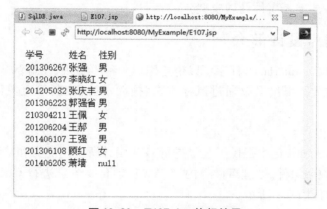

图 10.30　E107. jsp 执行结果

10.9　课后练习

　　(1) 建立图书表,包含书号、书名、作者、出版社、价格、出版日期字段;

　　(2) 实现对图书表的插入、删除、修改和查询操作,并实现对记录的分页浏览。

第 11 章　图形用户界面

通过本章内容学习和练习,使学生能够综合利用 AWT 和 Swing 组件并借助 Jigloo 框架来实现 GUI 界面设计。

学习目标:

(1) 掌握 GUI 程序设计包;

(2) 掌握 GUI 窗口容器及常用组件的使用;

(3) 掌握 Java 的委托事件处理模型。

11.1　GUI 程序设计简介

GUI(Graphic User Interface)程序可以带给用户一种更直观、友好的界面,提供了用户一种更友好的交互方式。用户可以通过鼠标点击、拖动,键盘控制等更灵活的方式进行应用操作。

(1) java. awt 包

Java 语言在 java. awt 包中提供了大量进行 GUI 设计所使用的类和接口,包括绘制图形、设置字体和颜色、控制组件、处理事件等内容,AWT 是 Java 语言进行 GUI 程序设计的基础。AWT 类继承关系如图 11.1 所示。

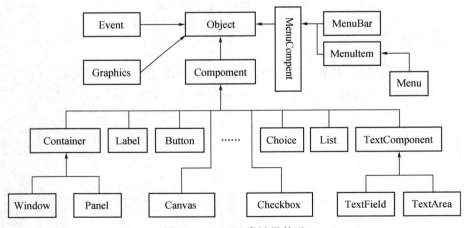

图 11.1　AWT 类继承关系

(2) javax. swing 包

Swing 包是 Java 基础类库(Java Foundation Classes,JFC)的一部分。Swing 提供了从按钮到可分拆面板和表格的所有组件。Swing 类继承关系如图 11.2 所示。

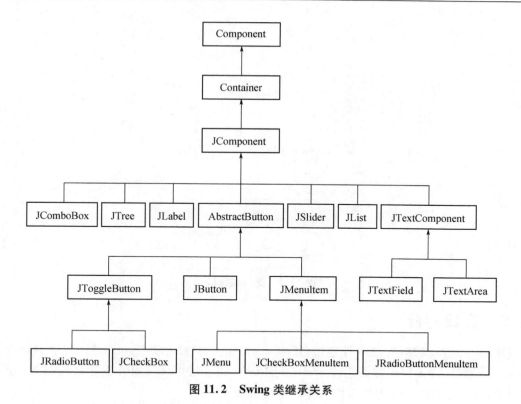

图 11.2　Swing 类继承关系

（3）AWT 和 Swing 组件的区别和联系

Swing 组件是 Java 提供的第二代 GUI 设计工具包，它以 AWT 为基础，在 AWT 内容的基础上新增或改进了一些 GUI 组件，使得 GUI 程序功能更强大，设计更容易、更方便。

AWT 组件和对应的 Swing 组件，从名称上很容易记忆和区别。例如，AWT 的框架类、面板类、按钮类和菜单类，被命名为 Frame、Panel、Button 和 Menu，而 Swing 对应的组件类被命名为 JFrame、JPanel、JButton 和 JMenu。与 AWT 组件相比，Swing 组件的名前多一个"J"。另外，AWT 组件在 java. awt 包中，而 Swing 组件在 javax. swing 包中。

本教程使用 Jigloo 框架来辅助用户进行开发，Jigloo 是一个 Eclipse 插件，使您可以快速构建在 Java 平台上运行的复杂 GUI。该插件可以在相关网站下载，本教程使用 jigloo_462.zip 版本，将其解压，拷贝 features plugins 文件夹到 Eclipse 目录中，即完成 Eclipse 环境对 Jigloo 的整合。整合后，在项目中 src 目录中右击选择【New】【Other】新建类，打开如图 11.3 所示对话框。在 11.3 对话框中，可以看到 GUI Forms 选项，就可以为你的应用新建 GUI 程序。以下案例基于本环境创建。

图 11.3　类新建窗口

11.2　窗口容器

常用的 Swing 窗口容器组件包括：JFrame，JApplet，JDialog，JWindow 等。其中 JFrame 与 JDialog 分别是 AWT 窗口容器组件 Frame 与 Dialog 的替代组件。组件不能直接在程序运行界面中显示，必须放置在容器组件内才能呈现出来。

实验内容：创建 **JFrame 容器窗口 JFrameExample. java**

在 MyExample 项目中 src 目录右击选择【New】【Other】，打开如图 11.4 所示新建窗口。

在图 11.4 所示对话框中，选择【GUI forms】【Swing】【JFrame】，点击【Next >】，进入图 11.5 所示对话框。

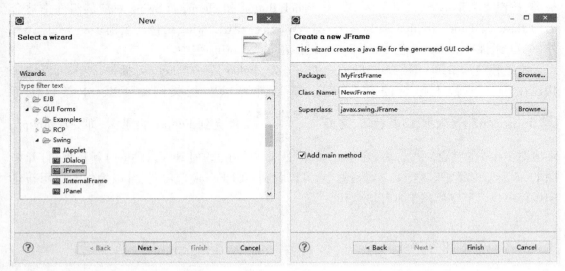

图 11.4　类新建窗口—JFrame　　　　　　图 11.5　类定义窗口

在图 11.5 所示窗口【Class Name】中键入类名：MyFirstFrame，点击【Finish】，弹出如图 11.6 所示对话框，显示本 Jigloo 插件为非商业版，商业版需要购买，选择【OK】，进入图 11.7 所示设计界面。

如图 11.7 所示窗口中，包括可视化编辑窗口、代码编辑窗口、浏览选择窗口和属性设置创建。

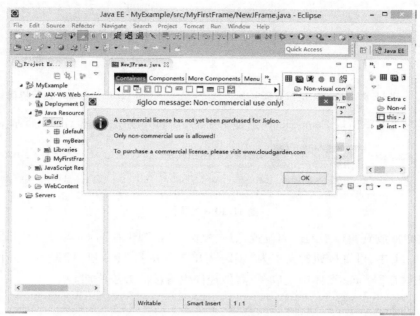

图 11.6　Jigloo 插件提示窗口

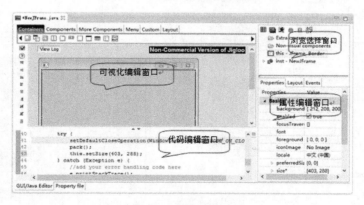

图 11.7　主界面编辑窗口

单击保存，我们不需要编写一行代码，就可以运行该窗体了，单击运行下拉列表，选择【Run as】【Java Application】，显示如图 11.8 所示界面，一个窗口就生成了。

实验内容：创建包含一个关闭按钮的容器窗口 JFrameButtonExample. java

创建 GUI 类 JFrameButtonExample，生成如图 11.7 所示 JFrame 窗口，选择属性窗口，设置窗体容器的布局管理器 Layout 属性为 Absolute，如图 11.9 所示。

图 11.8　JFrame 运行界面

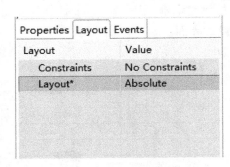

图 11.9　JFrame 运行界面

选择可视化编辑窗口 Components 选项卡中的 JButton 按钮，如图 11.10 所示。

图 11.10　工具栏

将该按钮拖放到窗口中的适当位置，点击鼠标左键，弹出如图 11.11 所示对话窗口。

在图 11.11 中，设置按钮的文本为"确定"，单击【OK】，如图 11.12 所示，一个可视化的【确定】按钮就在 JFrame 窗体中生成了，其他控件也可按此方法添加。

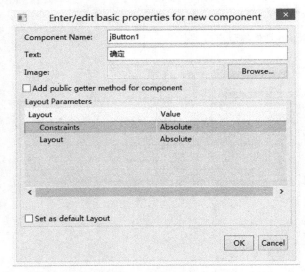

图 11.11　JButton 属性设置

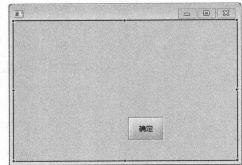

图 11.12　包含【确定】按钮窗体

选中【确定】按钮，在属性设置窗口中选择 Event 选项卡，设置 ActionListener 事件处理器中的 actionPerformed 方法为 handled method，如图 11.13 所示。

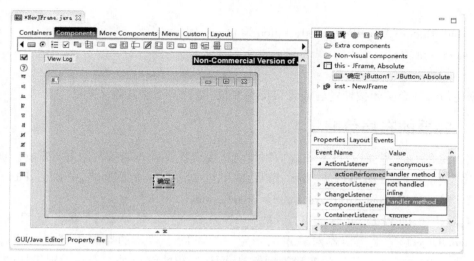

图 11.13　属性设置界面

进入代码编辑窗口,可以看到系统自动生成了如图 11.14 所示代码,addActionListener( )
方法表示为按钮注册了事件监听器,这里事件监听器 new ActionListener( ){ }使用了匿名类,
该类中需要实现鼠标单击事件处理方法 actionPerformed(ActionEvent evt)方法。

```
48        jButton1 = new JButton();
49        getContentPane().add(jButton1);
50        jButton1.setText("\u786e\u5b9a");
51        jButton1.setBounds(198, 38, 24);
52        jButton1.addActionListener(new ActionListener() {
53            public void actionPerformed(ActionEvent evt) {
54                jButton1ActionPerformed(evt);
55            }
56        });
57    }
58        pack();
59        this.setSize(403, 288);
60    } catch (Exception e) {
61        //add your error handling code here
62        e.printStackTrace();
63    }
64  }
65
66    private void jButton1ActionPerformed(ActionEvent evt) {
67        System.out.println("jButton1.actionPerformed, event="+evt);
68        //TODO add your code for jButton1.actionPerformed
69    }
```

图 11.14　代码编辑界面

将默认生成的代码:

```
private void jButton1ActionPerformed( ActionEvent evt) {
    System.out.println( "jButton1.actionPerformed, event = " + evt);
}
```

改为：

```
private void jButton1ActionPerformed(ActionEvent evt){
    System.exit(0);
}
```

创建包含一个关闭按钮的容器窗口即可完成，运行一下看看效果吧。

11.3 容器的布局策略

在 Java 的 GUI 界面设计中，布局控制是通过为容器设置布局编辑器来实现的。java.awt 包中共定义了五种布局编辑类，每个布局编辑类对应一种布局策略，分别是 FlowLayout，BorderLayout，CardLayout，GridLayout 和 GridBagLayout。

容器对象创建成功后自动获取一个系统默认布局管理器。可用 setLayout (newLayoutObject)方法为容器对象重新指定一个不同于默认的布局管理器；也可以使用 setLayout(null)方法中止标准的布局管理器，从而让用户能够以手工方式设置组件的大小或位置，该方法对应在属性窗口中设置窗体容器的布局管理器为 Absolute。

11.4 Java 的事件处理

一旦程序具备事件处理的能力，用户就可以通过点击按钮，或执行特定菜单命令等操作，向应用程序发送相关的消息；程序通过事件监听器对象，捕获到用户激发的消息，并对此做出积极响应，执行相关的事件处理方法，达到完成预定任务的目的。

发生事件的对象称为事件源，如果要对该对象进行事件处理，首先必须给该对象注册事件监听器对象，一旦事件发生，监听器将接收该消息调用相应的方法进行处理。

因此，Java 处理事件的模式称为委托事件模型(Event Delegation Model)，委托事件模型可以看作是事件源、事件对象、事件监听器三者一个相互作用系统，三者的关系揭示出委托事件模型的实质，它们之间的逻辑关系如图 11.15 所示。

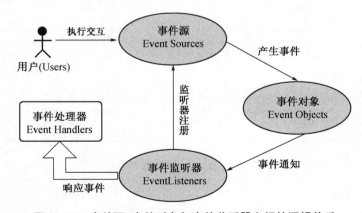

图 11.15 事件源、事件对象与事件监听器之间的逻辑关系

java.awt.event 包中还定义了 11 个监听者接口，每个接口内部包含了若干处理相关事件的抽象方法。一般说来，每个事件类都有一个监听者接口与之相对应，而事件类中的每个具

体事件类型都有一个具体的抽象方法与之相对应,当具体事件发生时,这个事件将被封装成一个事件类的对象作为实际参数传递给与之对应的具体方法,由这个具体方法负责响应并处理发生的事件。例如与 ActionEvent 类事件对应的接口是 ActionListener,这个接口定义了抽象方法:public void actionPerformed(ActionEvent e);。

接口中除了 ActionListener 仅有一个方法,因此只需实现这个方法就可以了,而其他接口中往往包含很多个方法,但处理时却只需要完成一个方法,不需要关注其他方法,这就给我们编程带来了不便。比如由于 WindowListener 接口定义了七个抽象方法,因此应用类需要全部实现这些方法,才可使用。事实上,只有响应关闭窗口事件的 windowClosing( ) 方法对用户有意义,必须赋予其一定的功能,而其余的六个方法不需编写任何代码,因此只需给出空的方法体即可。对于诸如 WindowListener 这一类定义有多个抽象方法的接口,在实际应用中只会用到其中一小部分方法,对于这种情况,Java 系统提供了更好的解决方案,这就是事件适配器 Adapter。

实验内容:创建一个 GUI 程序实现对学生信息的浏览 StudentBrowser. java

首先构建如图 11.16 所示界面,并设置按钮的事件监听器,过程同上,此处略。

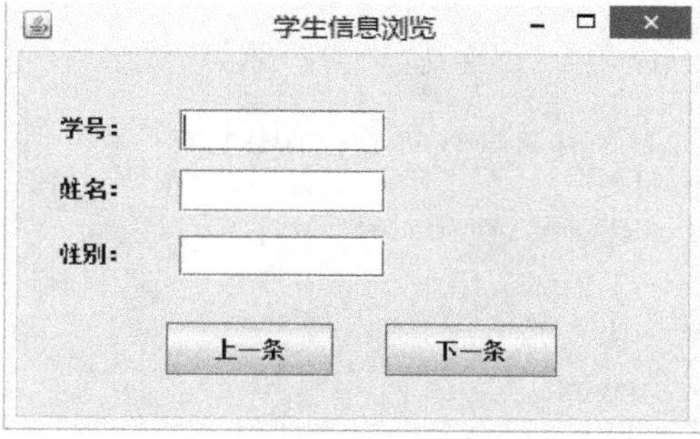

图 11.16　界面设计

然后在代码窗口中生成如下代码,其中斜粗体为用户自己添加,其他代码自动生成。

```
package StudentBrowser;
import java. awt. event. ActionEvent;
import java. awt. event. ActionListener;
import java. sql. * ;
import javax. swing. JButton;
import javax. swing. JLabel;
import javax. swing. JTextField;
import javax. swing. SwingUtilities;
import javax. swing. WindowConstants;
import myBean. SqlDB;
public class NewJFrame extends javax. swing. JFrame {
    private JLabel jLabel1;
    private JLabel jLabel2;
    private JLabel jLabel3;
    private JTextField xh;
    private JButton jButton1;
    private JButton jButton2;
```

```java
private JTextField xb;
private JTextField xm;
SqlDB db = new SqlDB();
ResultSet rs = null;
public static void main(String[] args) {
    SwingUtilities.invokeLater(new Runnable() {
        public void run() {
            NewJFrame inst = new NewJFrame();
            inst.setLocationRelativeTo(null);
            inst.setVisible(true);
        }
    });
}
public NewJFrame() {
    super();
    rs = db.executeQuery("select xh,xm,xb from xs");
    try
    {
    rs.next();
    } catch(SQLException e) {}
    initGUI();
}
private void initGUI() {
    try {
        setDefaultCloseOperation(WindowConstants.DISPOSE_ON_CLOSE);
        getContentPane().setLayout(null);
        this.setTitle("\u5b66\u751f\u4fe1\u606f\u6d4f\u89c8");
        {
            jLabel1 = new JLabel();
            getContentPane().add(jLabel1);
            jLabel1.setText("\u5b66\u53f7\uff1a");
            jLabel1.setBounds(23,36,54,17);
        }
        {
            jLabel2 = new JLabel();
            getContentPane().add(jLabel2);
            jLabel2.setText("\u59d3\u540d\uff1a");
            jLabel2.setBounds(23,70,54,17);
        }
        {
            jLabel3 = new JLabel();
            getContentPane().add(jLabel3);
            jLabel3.setText("\u6027\u522b\uff1a");
            jLabel3.setBounds(23,107,54,17);
        }
        {
            xh = new JTextField();
            getContentPane().add(xh);
            xh.setBounds(89,33,114,24);
            xh.setText(rs.getString("xh"));
        }
        {
            xm = new JTextField();
```

```
        getContentPane( ) . add( xm ) ;
        xm. setBounds( 89 ,67 ,114 ,24 ) ;
        xm. setText( rs. getString( "xm" ) ) ;
      }
      {
        xb = new JTextField( ) ;
        getContentPane( ) . add( xb ) ;
        xb. setBounds( 89 ,104 ,114 ,24 ) ;
        xb. setText( rs. getString( "xb" ) ) ;
      }
      {
        jButton1 = new JButton( ) ;
        getContentPane( ) . add( jButton1 ) ;
        jButton1. setText( " \u4e0a \u4e00 \u6761 " ) ;
        jButton1. setBounds( 82 ,154 ,92 ,30 ) ;
        jButton1. addActionListener( new ActionListener( ) {
          public void actionPerformed( ActionEvent evt) {
            jButton1 ActionPerformed( evt) ;
          }
        } ) ;
      }
      {
        jButton2 = new JButton( ) ;
        getContentPane( ) . add( jButton2 ) ;
        jButton2. setText( " \u4e0b \u4e00 \u6761 " ) ;
        jButton2. setBounds( 203 ,154 ,95 ,30 ) ;
        jButton2. addActionListener( new ActionListener( ) {
          public void actionPerformed( ActionEvent evt) {
            jButton2 ActionPerformed( evt) ;
          }
        } ) ;
      }
      pack( ) ;
      this. setSize( 386 ,247 ) ;
    } catch ( Exception e) {
      //add your error handling code here
      e. printStackTrace( ) ;
    }
  }
private void jButton1 ActionPerformed( ActionEvent evt) {
  try
  {
  rs. previous( ) ;
  xh. setText( rs. getString( "xh" ) ) ;
  xm. setText( rs. getString( "xm" ) ) ;
  xb. setText( rs. getString( "xb" ) ) ;
  } catch( SQLException e) { }
}
private void jButton2 ActionPerformed( ActionEvent evt) {
  try
  {
  rs. next( ) ;
  xh. setText( rs. getString( "xh" ) ) ;
```

```
    xm. setText( rs. getString( "xm" ) );
    xb. setText( rs. getString( "xb" ) );
    }catch( SQLException e){}
}
}
```

运行结果如图 11.17 所示。

图 11.17   StudentBrowser. java 程序运行界面

11.5   课后练习

（1）建立 GUI 程序，了解 Swing 控件的常用方法和功能。

（2）以 JTable 为例，实现对记录的浏览、添加、删除和更新操作。

第 12 章 Struts 技术

通过本章内容学习和练习,使学生初步掌握 Struts 框架的工作原理,并能够综合利用 Struts 框架来实现 MVC 系统架构。

学习目标:

(1)掌握 Struts 的工作原理;

(2)掌握 Struts 的安装与配置过程;

(3)掌握如何将 Struts 框架运用于实战开发。

12.1 Struts 简介

在第 9 章,我们同样实现了 MVC 的架构,在那里,Servlet 是用户自己定义的,而且在 Servlet 中嵌入了 JavaBean 和 JSP,表现为代码的高度耦合性,尽管从逻辑上对项目文件类型进行了划分,但仍不便于项目的分工合作以及维护。因此,Struts 框架为我们提供了一个实现 MVC 的基础模型,通过该模型可以将页面、JavaBean 和 Servlet 通过 xml 配置文件实现高度的分离,从而便于项目的分工与合作,并便于维护。

Struts 工作原理如图 12.1 所示,它通过 web. xml 配置信息,将客户的请求提交给 ActionServlet 来处理,然后通过配置文件 struts-config. xml 来实现对 JavaBean 和 JSP 页面的调用与转发。

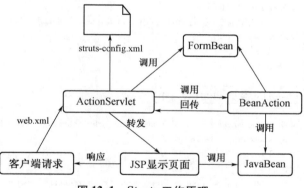

图 12.1 Struts 工作原理

12.2 Struts 安装与配置

(1)将 Struts 包解压,复制 lib 目录下的所有包到项目的 WEB-INF/lib 目录下。本教程使用版本 Struts-2. 3. 16. 3-all. zip,这样我们的项目就具备了使用 Struts 框架的能力。

(2)新建 web. xml 文件,将客户端以".do"的请求提交给 ActionServlet。Struts 包安装与配置即完成。

```
<? xml version = "1.0" encoding = "UTF-8"? >
<web-app xmlns:xsi = "http://www.w3.org/2001/XMLSchema-instance"
  xmlns = "http://java.sun.com/xml/ns/javaee"
  xmlns:web = "http://java.sun.com/xml/ns/javaee/web-app_2_5.xsd"
  xsi:schemaLocation = "http://java.sun.com/xml/ns/javaee
```

```
http://java.sun.com/xml/ns/javaee/web-app_2_5.xsd"
id = "WebApp_ID" version = "2.5" >
 < display-name > Sample Struts Application < /display-name >
 < servlet >
    < servlet-name > action < /servlet-name >
    < servlet-class > org. apache. struts. action. ActionServlet < /servlet-class >
 < /servlet >
 < servlet-mapping >
    < servlet-name > action < /servlet-name >
    < url-pattern > * . do < /url-pattern >
 < /servlet-mapping >
< /web-app >
```

12.3　实验案例

实验内容:hello.jsp

```
< % @ page language = "java"  contentType = "text/html; charset = GB18030"
  pageEncoding = "GB18030"% >
< html >
< head >
< meta http-equiv = "Content-Type"  content = "text/html; charset = GB18030" >
< title > 简单的 struts 应用 < /title >
< /head >
< body >
< form action = "hello. do" >
   请单击开始按钮,执行 struts 应用 < input type = "submit"  value = "开始" >
< /form >
< /body >
< /html >
```

实验内容:welcome.jsp

```
< % @ page language = "java"  contentType = "text/html; charset = GB18030"
  pageEncoding = "GB18030"% >
< html >
< head >
< meta http-equiv = "Content-Type"  content = "text/html; charset = GB18030" >
< title > struts 应用 < /title >
< /head >
< body >
   hello,这是个简单的 struts 应用。
< /body >
< /html >
```

实验内容:HelloAction.java

```
package com. tool;
import javax. servlet. http. HttpServletRequest;
import javax. servlet. http. HttpServletResponse;
import org. apache. struts. action. Action;
import org. apache. struts. action. ActionForm;
```

```
import org. apache. struts. action. ActionForward;
import org. apache. struts. action. ActionMapping;
public class HelloAction extends Action {
@ Override
public ActionForward execute(ActionMapping mapping, ActionForm form,
HttpServletRequest request, HttpServletResponse response)
throws Exception {
return mapping. findForward("success");
}
}
```

实验内容：WEB-INF 下 struts-config. xml 文件

```
<! DOCTYPE struts-config PUBLIC "-//Apache Software Foundation//DTD Struts
Configuration 1. 1//EN" "http://jakarta. apache. org/struts/dtds/struts-config_1_1. dtd">
<struts-config>
<action-mappings>
    <action path = "/hello" type = "com. tool. HelloAction" scope = "request">
      <forward name = "success" path = "/welcome. jsp"/>
    </action>
</action-mappings>
</struts-config>
```

12.4　课后练习

　　使用 struts 框架来整合用户名和密码的登录验证，登录成功进入 welcome. jsp，否则重复登录 login. jsp。

第 13 章　Hibernate 技术

通过本章内容学习和练习,使学生初步掌握 Hibernate 框架的工作原理,并能够利用 Hibernate 技术来实现关系型数据库和 Java 面向对象之间的映射。

学习目标:

(1)掌握 Hibernate 的工作原理;

(2)掌握 Hibernate 的安装与配置过程;

(3)掌握如何将 Hibernate 框架运用于实战开发。

13.1　Hibernate 简介

Hibernate 是一个开放源代码的对象关系映射框架,它对 JDBC 进行了轻量级的对象封装,使得用户可以随心所欲地使用对象编程思维来操纵数据库。如图 13.1 所示,它可以实现从对象模型到关系模型之间的映射。

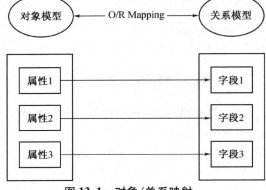

图 13.1　对象/关系映射

13.2　Hibernate 安装与配置

(1)将 Hibernate 包解压,复制 lib 目录下的所有包到项目的 WEB-INF/lib 目录下。本教程使用版本 hibernate-release-4.3.6.Final.zip,这样我们的项目的就具备了使用 Hibernate 框架的能力。

(2)新建 WEB-INF/classes 目录,然后创建 hibernate.cfg.xml 文件,通过该文件配置对数据库的连接信息,即完成 Hibernate 包的安装与配置。下面以 MySQL 数据库为例,来实现 Hibernate 框架的应用。

```
<? xml version = "1.0" encoding = "UTF-8"? >
<! DOCTYPE hibernate-configuration PUBLIC
" -//Hibernate/Hibernate Configuration DTD 3.0//EN"
"http://hibernate.sourceforge.net/hibernate-configuration-3.0.dtd" >
<hibernate-configuration >
<session-factory name = "foo" >
<property
name = "hibernate.connection.driver_class" >com.mysql.jdbc.Driver </property>
    <property name = "hibernate.connection.url" >jdbc:mysql://localhost:3306/mydb </property>
    <property name = "hibernate.connection.username" >root </property>
    <property name = "hibernate.connection.password" >123456 </property>
    <property name = "hibernate.dialect" >org.hibernate.dialect.MySQLDialect </property>
<property name = "show_sql" >true </property>
```

< mapping resource = " com/test/User. hbm. xml" / >
</session-factory >
</hibernate-configuration >

13.3　实验案例

实验内容:在数据库中设计表 user

结构如图 13.2 所示。

图 13.2　user 表结构

实验内容:在 com. test 包中新建 User. java

```
package com. test;
import java. util. *;
public class User {
private int id;
private String name;
    private Date date;
public int getId( ) {
return id;
}
public void setId( int id) {
this. id = id;
}
public String getName( ) {
return name;
}
public void setName( String name) {
this. name = name;
}
public Date getDate( ) {
return date;
```

```
}
public void setDate( Date date) {
this. date = date;
}
}
```

实验内容:在 **com. test** 包中创建 **User. hbm. xml** 文件

```
< ? xml version = "1. 0" encoding = "UTF-8" ? >
< ! DOCTYPE hibernate-mapping PUBLIC
" -//Hibernate/Hibernate Mapping DTD 3. 0//EN"
"http://hibernate. sourceforge. net/hibernate-mapping-3. 0. dtd" >
< hibernate-mapping package = "com. test" >
< class name = "User" >
< id name = "id" >
  < generator class = "native"/ >
</id >
  < property name = "name" > </property >
  < property name = "date" > </property >
</class >
</hibernate-mapping >
```

实验内容:**test. jsp**

```
< % @ page language = "java" contentType = "text/html; charset = GB18030"
  pageEncoding = "GB18030"% >
< % @ page import = "java. util. * ,org. hibernate. * ,org. hibernate. cfg. Configuration ,com. test. User"% >
< html >
< head >
< meta http-equiv = "Content-Type" content = "text/html; charset = GB18030" >
< title > hello </title >
< body >
< %
  Configuration cf = new Configuration( ) ;
  cf. configure( ) ;
  SessionFactory sf = cf. buildSessionFactory( ) ;
  Session s = sf. openSession( ) ;
  Query query = s. createQuery( "from User" ) ;
  List l = query. list( ) ;
  Iterator it = l. iterator( ) ;
  while( it. hasNext( ) )
  {
  User x = ( User)it. next( ) ;
  out. println( x. getName( ) + " " + x. getDate( ) ) ;
  }
  s. close( ) ;
  % >
</body >
</html >
```

13. 4　课后练习

　　使用 Hibernate 框架来实现对图书表的插入、删除、修改和查询操作。

第三部分

Java/JSP 编程实践篇

第 14 章 B2C 电子商城

通过本章课程设计,使学生掌握基于 Java 技术的系统开发与设计。

学习目标:

(1) 熟悉系统开发的一般过程;

(2) 熟悉系统开发中团队的组建;

(3) 熟悉系统开发中开发模式的架构;

(4) 了解如何将所学知识运用于实战开发中。

14.1 系统需求

14.1.1 前台功能

- 用户的注册。
- 用户资料的修改。
- 用户登录。
- 商品的购买。
- 商品的搜索。
- 商品的分页查看。
- 商品的分类搜索。
- 购物车中商品的删除与商品数量的修改。
- 订单提交及收货人信息的修改。
- 订单的确认收货。

14.1.2 后台功能

- 管理员登录及密码修改。
- 商品的管理,包括商品的增、删、改、查。
- 订单的管理,包括订单的发货及删除。
- 管理员管理,包括管理员的添加及管理员密码重置。

14.2 环境配置

编辑器:Eclipse Java EE IDE for Web Developers, Juno Service Release 1

数据库服务器:Mysql 5.0

Web 服务器:Tomcat 7.0

操作系统:Windows 8

14.3 系统模式架构

本系统基于 MVC 的模式架构，如图 14.1 所示。

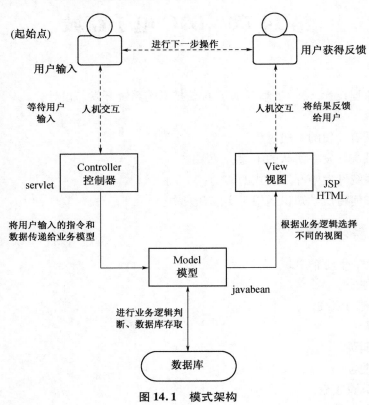

图 14.1 模式架构

14.4 数据库设计

14.4.1 概念设计

系统中所设计的数据以及之间的关系，如图 14.2 所示，用 E-R 模型来描述。

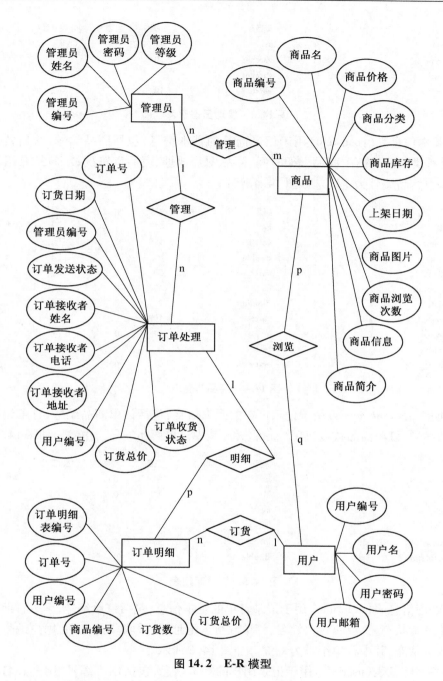

图 14.2　E-R 模型

14.4.2　数据字典

管理员基本信息表(admininfo)用于记录管理员的基本信息,包括管理员编号、管理员姓名、管理员密码、管理员等级,其中管理员编号为主键。如图 14.3 所示。

名	类型	长度	小数点	允许空值 (	
▶ Aid	int	11	0	☐	🔑 1
Aname	varchar	50	0	☐	
Apwd	varchar	20	0	☐	
Alevel	varchar	10	0	☑	

图 14.3　管理员信息表

商品基本信息表(goodsinfo)用于记录商品的基本信息,包括商品编号、商品名称、商品价格、商品种类、商品库存、商品上架时间、商品图片地址、商品浏览次数、商品介绍、商品简要信息,其中商品编号为主键。如图 14.4 所示。

名	类型	长度	小数点	允许空值 (	
▶ Gid	int	11	0	☐	🔑 1
Gname	varchar	100	0	☐	
Gprice	double	0	0	☐	
Gclass	varchar	50	0	☐	
Gamount	int	11	0	☐	
Gdate	datetime	0	0	☑	
Gimgurl	varchar	100	0	☑	
Glook	int	11	0	☑	
Gintro	text	0	0	☑	
Gbrief	text	0	0	☑	

图 14.4　商品信息表

订单明细表(ordergoods)用于记录订单的明细信息,包括订单商品编号、订单编号、用户编号、商品编号、订单商品数量、订单商品总价,其中订单商品编号为主键。如图 14.5 所示。

名	类型	长度	小数点	允许空值 (	
▶ OGid	int	11	0	☐	🔑 1
Oid	int	11	0	☐	
Uid	int	11	0	☐	
Gid	int	11	0	☐	
OGamount	int	11	0	☐	
OGtotalprice	double	0	0	☐	

图 14.5　订单明细表

订单处理信息表(orderinfo)用于记录订单的基本信息,包括订单编号、下单日期、管理员编号、订单发货状态、订单收货人姓名、订单收货人地址、订单收货人电话、用户编号、订单总价、订单收货状态,其中订单编号为主键。如图 14.6 所示。

用户基本信息表(userinfo)用于记录用户的基本信息,包括用户编号、用户姓名、用户密码、用户邮箱,其中用户编号为主键。如图 14.7 所示。

名	类型	长度	小数点	允许空值 (	
▸ Oid	int	11	0	☐	🔑1
Odate	datetime	0	0	☐	
Aid	int	11	0	☑	
Ostate	varchar	20	0	☐	
Orecname	varchar	50	0	☐	
Orecadr	varchar	200	0	☐	
Orectel	varchar	255	0	☐	
Uid	int	11	0	☐	
Ototalprice	double	0	0	☐	
Oget	varchar	20	0	☑	

图 14.6　订单处理信息表

名	类型	长度	小数点	允许空值 (	
▸ Uid	int	11	0	☐	🔑1
Uname	varchar	50	0	☐	
Upwd	varchar	20	0	☐	
Uemail	varchar	100	0	☑	

图 14.7　用户基本信息表

14.5　系统功能架构

本系统总体分为客户端和管理端,客户端主要是在线用户操作模块,管理端是后台商家操作模块。如图 14.8 所示。

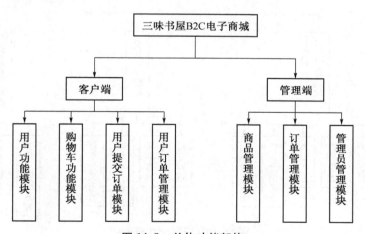

图 14.8　总体功能架构

客户端具体功能如图 14.9 所示。

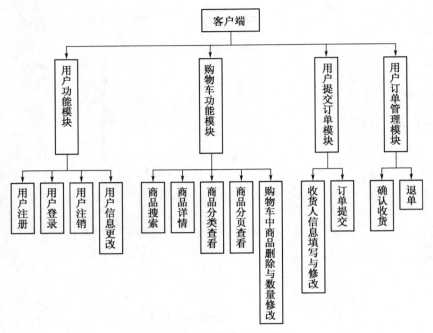

图 14.9　客户端功能架构

管理端具体功能如图 14.10 所示。

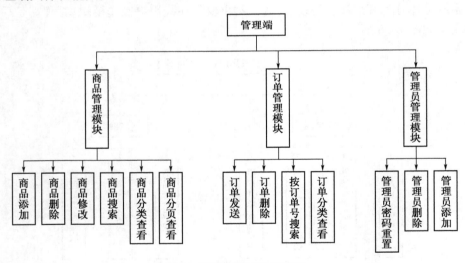

图 14.10　管理端功能架构

14.6　核心功能

14.6.1　公共类设计模块

（1）数据库连接公共类 DBConn

```
package a;
```

```java
import java.sql. * ;
public class DBConn
{
  String DBDriver = " com. mysql. jdbc. Driver" ;
  String url = " " jdbc:mysql://localhost:3306/test? useUicode = true&characterEncoding = gbk" ;
  String user = " root" ;
  String password = "123456" ;
  Connection conn = null;
  ResultSet rs = null;
  public DBConn( )
  {
    try{
      Class. forName( DBDriver) ;
    }
    catch( ClassNotFoundException e)
    {
      System. out. println( e. getMessage( ) ) ;
    }
  }
  public Statement createStatement( )
  //返回 Statement 对象
  {
    try{
      conn = DriverManager. getConnection( url, user, password) ;
      Statement stmt = conn. createStatement( ) ;
    }
    catch( SQLException e)
    {
      System. out. println( e. getMessage( ) ) ;
    }
    return stmt;
  }
  //定义 executeQuery 方法
  public ResultSet executeQuery( String sql)
  {
    rs = null;
    try{
      conn = DriverManager. getConnection( url, user, password) ;
      Statement stmt = conn. createStatement( ) ;
      rs = stmt. executeQuery( sql) ;
    }
    catch( SQLException e1)
    {
      System. out. println( e1. getMessage( ) ) ;
    }
    return rs;
  }
  //定义 executeUpdate 方法
  public void executeUpdate( String sql)
  {
    try{
      conn = DriverManager. getConnection( url, user, password) ;
      Statement stmt = conn. createStatement( ) ;
```

```
        stmt. executeUpdate( sql) ;
        stmt. close( ) ;
        conn. close( ) ;
      }
    catch( SQLException e2)
      {
        System. out. println( e2. getMessage( ) ) ;
      }
  }
}
```

（2）购物车类 DBcart

```
package a;
import java. sql. * ;
import java. util. * ;
public class DBcart
{
  DBConn db = new DBConn( ) ;
  private static int span = 2；  //定义每页显示商品的数量
  public static int getSpan( ) {
    return span;
  }
  public static void setSpan( int i) {
    span = i;
  }
  public static Vector < String >  getInfo( String sql)
  {//获取信息
    Vector < String >  vclass = new Vector < String > ( ) ;
      ResultSet rs = db. executeQuery( sql) ;  //执行语句得到结果集
      while( rs. next( ) ) {
        String str = rs. getString( 1)  ;
        vclass. add( str) ;
      }
      //关闭结果集,语句
      rs. close( ) ;
      st. close( ) ;
      //归还连接
      con. close( ) ;
    }
    catch( Exception e) {
        e. printStackTrace( ) ;
    }
    return vclass;
  }
  public static boolean isLegal( String sql)
  {  //判断是否存在
    boolean flag = false;
    ResultSet rs = db. executeQuery( sql) ;  //执行语句得到结果集
      if( rs. next( ) ) {
        flag = true;
      }
      rs. close( ) ;
```

```
            st. close( ) ;
            con. close( ) ;
        }
      catch( Exception e) {
            e. printStackTrace( ) ;
      }
      return flag;
}
public static int getID( String tname, String colname)
{   //得到 ID
    int id = 0 ;
        String sql = " select Max( " + colname + " ) from" + tname;
        ResultSet rs = db. executeQuery( sql) ;   //执行语句得到结果集
        if( rs. next( ) ) {
            id = rs. getInt( 1 ) ;
        }
        id ++ ;
        rs. close( ) ;
        st. close( ) ;
        con. close( ) ;
      }
      catch( Exception e) {
            e. printStackTrace( ) ;
      }
      return id;
}
public static int updateTable( String sql)
{   //更新数据库
    int i = 0 ;
    i = db. executeUpdate( sql) ;   //更新表
        //关闭语句
        st. close( ) ;
        //归还连接
        con. close( ) ;
      }
      catch( Exception e) {
            e. printStackTrace( ) ;
      }
      return i;
}
public static Vector < String[ ] > getInfoArr( String sql)
{   //获取一组信息
    Vector < String[ ] > vtemp = new Vector < String[ ] > ( ) ;
        ResultSet rs = db. executeQuery( sql) ;
        ResultSetMetaData rsmt = rs. getMetaData( ) ;   //获取结果集的元数据
        int count = rsmt. getColumnCount( ) ;   //得到结果集中的总列数
        while( rs. next( ) ) {
            String[ ] str = new String[ count] ;
            for( int i = 0 ; i < count; i ++ ) {
                str[ i] = rs. getString( i + 1 ) ;
            }
            vtemp. add( str) ;
        }
```

```
      rs. close( ) ;
      st. close( ) ;
      con. close( ) ;
    }
  catch( Exception e) {
      e. printStackTrace( ) ;
    }
  return vtemp;
}
public static int getTotalPage( String sql)
{   //获取总页数
  int totalpage = 1;
      ResultSet rs = db. executeQuery( sql) ;
      rs. next( ) ;
      int rows = rs. getInt( 1) ;   //得到总记录条数
      totalpage = rows/span;   //得到页数
      if( rows% span! = 0)  {
        totalpage ++ ;
      }
      rs. close( ) ;
      st. close( ) ;
      con. close( ) ;
    }
  catch( Exception e) {
        e. printStackTrace( ) ;
    }
  return totalpage;
}
public static Vector < String[ ] > getPageContent( int page, String sql)
{   //获取当前页面内容
  Vector < String[ ] > vcon = new Vector < String[ ] > ( ) ;
      ResultSet rs = db. executeQuery( sql) ;
      ResultSetMetaData rsmt = rs. getMetaData( ) ;   //获取结果集的元数据
      int count = rsmt. getColumnCount( ) ;   //得到结果集中的总列数
      int start = ( page-1) * span;
      if( start! = 0) {
        rs. absolute( start) ;
      }
        int temp = 0;
      while( rs. next( ) &&temp < span) {
        temp ++ ;
        String[ ] str = new String[ count] ;
        for( int i = 0;i < str. length;i ++ ) {
          str[ i] = rs. getString( i + 1) ;
        }
        vcon. add( str) ;
      }
      rs. close( ) ;
      st. close( ) ;
      con. close( ) ;
    }
    catch( Exception e) {
        e. printStackTrace( ) ;
```

```java
        }
        return vcon;
    }
public static int getSelectId(String sql)
    {   //获得当前行
        int id = 0;
            ResultSet rs = db.executeQuery(sql);
            rs.next();
            id = rs.getInt(1);
            rs.close();
            st.close();
            con.close();
        }
        catch(Exception e){
            e.printStackTrace();
        }
        return id;
    }
public static boolean batchSql(String[] sql)
    {   //判断批处理是否成功执行
        boolean flag = true;
        Connection con = null;
            //禁用自动提交模式,并开始一个事务
            con.setAutoCommit(false);
            Statement st = db.createStatement();
            for(String str:sql)
            {
                //添加批处理中的 sql
                st.addBatch(str);
            }
            //执行批处理
            st.executeBatch();
            //将事物提交
            con.commit();
            //恢复自动提交模式
            con.setAutoCommit(true);
            st.close();
        }
        catch(Exception e){
            flag = false;
            try{
                //事务回滚
                con.rollback();
            }
            catch(Exception ee){
                ee.printStackTrace();
            }
        }
        finally{
            try{
                con.close();
            }
            catch(Exception e){
```

```
            e. printStackTrace( );
        }
    }
    return flag;
}
```

（3）购物车操作组件 CartBean

```java
package a;
import a. DBcart;
import java. util. * ;
public class CartBean
{
    private Map < String, Integer >  cart = new HashMap < String, Integer > ( );
    private int curPage = 1;
    private String sql;
    private int totalPage = 1;
    public Map < String, Integer >  getCart( )
    {
        return this. cart;
    }
    public int getCurPage( )
    {   //得到用户当前页
        return this. curPage;
    }
    public void setCurPage( int curPage)
    {   //记录用户当前页
        this. curPage = curPage;
    }
    public void setSql( String sql)
    {
        this. sql = sql;
    }
    public String getSql( )
    {
        return this. sql;
    }
    public int getTotalPage( )
    {
        return this. totalPage;
    }
    public void setTotalPage( int totalPage)
    {
        this. totalPage = totalPage;
    }
    public void buy( String sid)
    {
        if( cart. containsKey( sid) ) {  //用户不是第一次购买商品
        cart. put( sid, cart. get( sid) + 1);  //该种商品数量加 1
        }
        else
        {  //用户第一次购买
```

```
        cart. put( sid,1) ;
      }
  }
  public String manageStr( String str)
  {   //得到商品的信息说明
    String info = "" ;
    String[ ] msg = str. split( "\\|") ;
    for( String temp;msg)
    {
      info = info + temp + "  " ;
    }
    return info;
  }
  public Vector < String[ ] > getCartContent( )
  {
    Vector < String[ ] > vgoods = new Vector < String[ ] >( ) ;
    //得到 Map 中的键值
    Set < String > gid = cart. keySet( ) ;
    //得到各物品的信息
    for( String str;gid) {
      String[ ] arr = new String[4] ;
      arr[3] = str;
      //得到商品数量
      arr[2] = cart. get( str). toString( ) ;
      //得到商品名称和价格
      String sql = "select Gname,Gprice from GoodsInfo where Gid = " + Integer. parseInt( str) ;
      Vector < String[ ] > vtemp = DBcart. getInfoArr( sql) ;
      String[ ] ginfo = vtemp. get(0) ;
      arr[0] = ginfo[0] ;
      arr[1] = ginfo[1] ;
      vgoods. add( arr) ;
    }
    return vgoods;
  }
  public double getAccount( )
  {
    double account = 0. 0;
    //得到所买商品的信息
    Vector < String[ ] > ginfo = this. getCartContent( ) ;
    for( String[ ] str;ginfo) {   //得到商品总价
      account += Integer. parseInt( str[2] ) * Double. parseDouble( str[1] ) ;
    }
    //使商品保留两位小数
    account = Math. round( account * 100) /100. 0;
    return account;
  }
  public void removeItem( String gid)
  {
    cart. remove( gid) ;
  }
  public void removeAll( )
  {
    //得到 Map 中的键值
```

```
String[ ] gid = cart. keySet( ). toArray( new String[ 0 ] ) ;
//得到各物品的信息
for ( String str: gid) {
    cart. remove( str) ;
}
}
}
```

（4）购物车操作控制器 CartServlet

```
package a;
import javax. servlet. * ;
import javax. servlet. http. * ;
import java. io. * ;
import java. util. * ;
public class CartServlet extends HttpServlet
{
    private static final long serialVersionUID = 1L;
    public void doGet( HttpServletRequest request, HttpServletResponse response)
        throws ServletException, IOException
        {
    this. doPost( request, response) ;
        }
    public void doPost( HttpServletRequest request, HttpServletResponse response)
        throws ServletException, IOException
        {
    //设置编码格式
    request. setCharacterEncoding( "GB18030" ) ;
    response. setContentType( "text/html; charset = GB18030" ) ;
    response. setCharacterEncoding( "GB18030" ) ;
    //拿到 session 对象
    HttpSession session = request. getSession( true ) ;
    //拿到请求的动作
    String action = request. getParameter( "action" ) . trim( ) ;
    if( action. equals( "login" ) )
    {   //当动作为登录动作时
        //获得用户名和密码
        String uid = request. getParameter( "uid" ) . trim( ) ;
        String pwd = request. getParameter( "pwd" ) . trim( ) ;
        String uname = uid;
        String sql = "select Uid from userinfo where Uname = '" + uname + "' and Upwd = '" + pwd + "'" ;
        boolean flag = DBcart. isLegal( sql) ;
        if( flag)
        {   //当该用户存在时
            //将用户名存入 session 中
            session. setAttribute( "user" , uid) ;
            //页面重定向到首页
            response. sendRedirect( "index. jsp" ) ;
        }
        else
        {
            String msg = "对不起,登录失败,请重新登录!" ;
            pageForward( msg, request, response) ;
```

```
        }
    }
    else if( action. equals( "register" ) ) {   //用户注册
        String uname = request. getParameter( "uname" ) . trim( );
        String fpwd = request. getParameter( "fpwd" ) . trim( );
        String email = request. getParameter( "email" ) . trim( );
        String sql = " select Uid from UserInfo where Uname = '" + uname + "'" ;
        boolean flag = DBcart. isLegal( sql ) ;
        if( flag )
        {   //该用户名已经被注册时
            String msg = " 对不起,该用户名已经存在,请重新注册!" ;
            pageForward( msg, request, response ) ;
        }
        else
        {
            int uid = DBcart. getID( "UserInfo" , "Uid" ) ;
            //插入用户注册信息
            String temp = " insert into userinfo( Uid, Uname, Upwd, Uemail )  " +
                " values( " + uid + " ,'" + uname + "','" + fpwd + "','" + email + "') " ;
            int i = DBcart. updateTable( temp ) ;
            if( i == 0 )
            {   //没有插入数据库
                String msg = " 对不起,注册失败,请重新注册!" ;
                pageForward( msg, request, response ) ;
            }
            else
            {
                String msg = " 恭喜您,注册成功!" ;
                pageForward( msg, request, response ) ;
            }
        }
    }
    else if( action. equals( "uinfomodify" ) )
    {   //用户修改个人信息
        //得到用户修改后的信息
        String upwd = request. getParameter( "upwd" ) . trim( );
        String uemail = request. getParameter( "uemail" ) . trim( );
        String uname = ( String ) session. getAttribute( "user" ) ;
        //更新数据库用户信息
        String sql = " update userinfo set Upwd = '" + upwd
                + "', Uemail = '" + uemail + "' where Uname = '" + uname + "'" ;
        int i = DBcart. updateTable( sql ) ;
        if( i == 0 )
        {   //更改信息失败
            String msg = " 对不起,信息修改失败!" ;
            pageForward( msg, request, response ) ;
        }
        else {   //信息修改成功
            String msg = " 恭喜您,信息修改成功!" ;
            pageForward( msg, request, response ) ;
        }
    }
    else if( action. equals( "pageChange" ) ) {   //用户换页时
```

```
CartBean mycart = (CartBean) session. getAttribute("mycart");
//得到请求的页面
String curPage = request. getParameter("curPage");
String selPage = request. getParameter("selPage");
if(curPage! = null) {    //用户通过点击上,下一页按钮时
    int page = Integer. parseInt(curPage. trim());
    //记住当前页
    mycart. setCurPage(page);
}
else{    //当用户点击下拉列表框时
    int page = Integer. parseInt(selPage. trim());
    mycart. setCurPage(page);
}
String sql = mycart. getSql();
//得到换页后页面的内容
Vector < String[] > vgoods = DBcart. getPageContent(mycart. getCurPage(),sql);
request. setAttribute("vgoods",vgoods);
session. setAttribute("mycart",mycart);
//返回到主页
String url = "/index. jsp";
ServletContext sc = getServletContext();
RequestDispatcher rd = sc. getRequestDispatcher(url);
rd. forward(request,response);
}
else if(action. equals("search")) {    //用户搜索商品时
    //得到 javaBean 对象
    CartBean mycart = (CartBean) session. getAttribute("mycart");
    mycart. setCurPage(1);
    //得到要搜索的信息并转码
    String tsearch = request. getParameter("tsearch");
    //得到要搜索的类名
    String cname = request. getParameter("cname");
    String sql = "";
    String sqlpage = "";
    if(cname == null)
    {
        //得到搜索信息的 sql 和信息条数的 sql
        sql = "select Gimgurl,Gname,Gintro,Gclass,Gprice,Glook,Gid" +
            "from GoodsInfo where Gname like '%" + tsearch + "%'";
        sqlpage = "select count( * ) from GoodsInfo" +
            "where Gname like '%" + tsearch + "%'";
    }
    else{
        cname = new String(cname. getBytes("ISO-8859-1"));
        //得到搜索某类商品的 sql 和条数的 sql
        sql = "select Gimgurl,Gname,Gintro,Gclass,Gprice,Glook,Gid" +
            "from GoodsInfo where Gclass = '" + cname. trim() + "'";
        //得到该类的总页数
        sqlpage = "select count( * ) from GoodsInfo where Gclass = '" + cname. trim() + "'";
    }
    mycart. setSql(sql);
    //设置总页数
    int totalpage = DBcart. getTotalPage(sqlpage);
```

```java
        mycart. setTotalPage(totalpage);
        session. setAttribute("mycart",mycart);
        //得到第一页的内容
        Vector < String[ ] > vgoods = DBcart. getPageContent(1,sql);
        if(vgoods. size( ) ==0) {   //没有搜索到用户要找的商品
            String msg = "对不起,没有搜到你要的商品!";
            pageForward(msg,request,response);
        }
        else {   //搜索到信息并返回
            request. setAttribute("vgoods",vgoods);
            String url = "/index. jsp";
            ServletContext sc = getServletContext( );
            RequestDispatcher rd = sc. getRequestDispatcher(url);
            rd. forward(request,response);
        }
    }
    else if(action. equals("buy")) {   //用户点击购买时
        CartBean mycart = (CartBean)session. getAttribute("mycart");
        //得到要购买东西的 ID
        String gid = request. getParameter("gid"). trim( );
        //判断是在那儿点的购买,0-在缩略图中买,1-在详细信息中买的
        String flag = request. getParameter("flag"). trim( );
        mycart. buy(gid);
        //得到搜索当前内容的 sql
        String sql = mycart. getSql( );
        int page = mycart. getCurPage( );
        session. setAttribute("mycart",mycart);
        String url = "";
        if(flag. equals("0")) {
            url = "/index. jsp";
        }
        else {
            url = "/goodsdetail. jsp";
            sql = "select Gimgurl,Gname,Gintro,Gclass,Gprice," +
                "Glook,Gid,Gbrief from GoodsInfo where Gid = " + gid;
            page =1;
        }
        //返回后,得到页面内容
        Vector < String[ ] > vgoods = DBcart. getPageContent(page,sql);
        if(vgoods. size( ) ==0) {   //没有搜索到用户要找的商品
            String msg = "对不起,没有搜到你要的商品!";
            pageForward(msg,request,response);
        }
        request. setAttribute("vgoods",vgoods);
        //forward 到要去的页面
        ServletContext sc = getServletContext( );
        RequestDispatcher rd = sc. getRequestDispatcher(url);
        rd. forward(request,response);
    }
    else if(action. equals("changeNum")) {   //用户修改购物车中商品数量时
        //得到修改物品的 ID 和修改后的数量
        String gnum = request. getParameter("gnum"). trim( );
        String gid = request. getParameter("gid"). trim( );
```

```
int num = 0;
try{
    num = Integer. parseInt( gnum);
}
catch( Exception e){
    //修改的数量不合法时
    String msg = "对不起,数量修改错误!";
    pageForward( msg, request, response);
}
int id = Integer. parseInt( gid);
//得到库存数量
String sql = "select Gamount from GoodsInfo where Gid = " + id;
int count = DBcart. getSelectId( sql);
if( count < num){    //当库存少于修改的值时
    String msg = "对不起,库存不够,库存数量只有" + count;
    pageForward( msg, request, response);
}
else {    //当库存够时
    CartBean mycart = ( CartBean) session. getAttribute( "mycart");
    if( mycart == null){
        mycart = new CartBean( );
    }
    //得到用户的购物车
    Map < String, Integer >  cart = mycart. getCart( );
    //修改商品数量
    cart. put( gid, num);
    session. setAttribute( "mycart", mycart);
    response. sendRedirect( "cart. jsp");
    }
}
else if( action. equals( "balance")){    //当点击结算时,判断各商品数量是否够
    CartBean mycart = ( CartBean) session. getAttribute( "mycart");
    if( mycart == null){
        mycart = new CartBean( );
    }
    //得到用户的购物车
    Map < String, Integer >  cart = mycart. getCart( );
    Set < String >  gid = cart. keySet( );
    String msg = "";
    for( String str:gid){
        //得到商品 ID 和数量
        int id = Integer. parseInt( str);
        int count = cart. get( str);
        //得到库存里商品的数量
        String sql = "select Gamount from goodsinfo where Gid = " + id;
        int gamount = DBcart. getSelectId( sql);
        if( gamount < count){
            //得到该商品的名字
            String temp = "select Gname from goodsinfo where Gid = " + id;
            Vector < String >  vname = DBcart. getInfo( temp);
            String name = vname. get( 0);
            msg  += "对不起," + name + "的库存只有" + gamount + " < br/ > ";
        }
```

```
        }
        if( msg. equals( "" ) ) {    //当 msg 为空时,代表库存够
            response. sendRedirect( "receiverinfo. jsp" ) ;
        }
        else {    //提示用户库存不够
            pageForward( msg,request,response) ;
        }
    }
    else if( action. equals( "delete" ) ) {    //用户删除购物车中的商品时
        //得到删除商品的 ID
        String gid = request. getParameter( "gid" ). trim( ) ;
        //得到 javaBean 对象
        CartBean mycart = ( CartBean) session. getAttribute( "mycart" ) ;
        if( mycart == null) {
            mycart = new CartBean( ) ;
        }
        mycart. removeItem( gid) ;
        session. setAttribute( "mycart" ,mycart) ;
        response. sendRedirect( "cart. jsp" ) ;
    }
    else if( action. equals( "deleteAll" ) ) {    //用户删除购物车中的商品时
        //得到 javaBean 对象
        CartBean mycart = ( CartBean) session. getAttribute( "mycart" ) ;
        if( mycart == null) {
            mycart = new CartBean( ) ;
        }
        mycart. removeAll( ) ;
        session. setAttribute( "mycart" ,mycart) ;
        response. sendRedirect( "cart. jsp" ) ;
    }
    else if( action. equals( "saveRec" ) ) {    //保存收货人信息放入 session
        //收到各参数
        String recname = request. getParameter( "recname" ) ;
        String recadr = request. getParameter( "recadr" ) ;
        String rectel = request. getParameter( "rectel" ) ;
        String[ ] recMsg = new String[ 3] ;
        recMsg[ 0] = recname. trim( ) ;
        recMsg[ 1] = recadr. trim( ) ;
        recMsg[ 2] = rectel. trim( ) ;
        //放入 session 并重定向到订单页
        session. setAttribute( "recMsg" ,recMsg) ;
        response. sendRedirect( "order. jsp" ) ;
    }
    else if( action. equals( "recModify" ) ) {    //用户修改收货人信息时
        String recname = request. getParameter( "recname" ). trim( ) ;
        String recadr = request. getParameter( "recadr" ). trim( ) ;
        String rectel = request. getParameter( "rectel" ). trim( ) ;
        String[ ] recMsg = ( String[ ]) session. getAttribute( "recMsg" ) ;
        //当收货人信息为空时
        if( recMsg == null) {
            //重定向到首页
            response. sendRedirect( "index. jsp" ) ;
        }
```

```
   else {    //修改 session 里面收货人的信息
      recMsg[0] = recname;
      recMsg[1] = recadr;
      recMsg[2] = rectel;
      session. setAttribute("recMsg",recMsg);
      response. sendRedirect("order. jsp");
   }
}
else if(action. equals("orderConfirm")) {    //当用户确认订单动作时
   CartBean mycart = (CartBean)session. getAttribute("mycart");
   //该对象为空,则返回首页
if(mycart == null) {
   response. sendRedirect("index. jsp");
}
else {    //得到向订单基本信息表中插入数据的 sql
   String[] recMsg = (String[])session. getAttribute("recMsg");
   double oprice = mycart. getAccount();
   int oid = DBcart. getID("OrderInfo","Oid");
   String uname = (String)session. getAttribute("user");
   String sql = "select Uid from UserInfo where Uname = '" + uname + "'";
   int uid = DBcart. getSelectId(sql);
String upsql = "insert into OrderInfo(Oid,Odate,Ostate,Orecname,Orecadr,Orectel,Uid,Ototalprice)
values(" + oid + ",now(),'未发货','" + recMsg[0] + "','" + recMsg[1] + "','" + recMsg[2] + "'," + uid + "," + oprice
+ ")";
   //得到向订单货物表中插入数据的 sql
   Vector < String[] > vgoods = mycart. getCartContent();
   int ogid = DBcart. getID("OrderGoods","OGid");
   String[] sqlarr = new String[vgoods. size() + 1];
   for(int i = 0;i < vgoods. size();i ++) {
      String[] ginfo = vgoods. get(i);
      int gid = Integer. parseInt(ginfo[3]);
      int gamount = Integer. parseInt(ginfo[2]);
      double gprice = Double. parseDouble(ginfo[1]);
      double totalprice = gprice * gamount;
         String temp = "insert into OrderGoods(OGid,Oid,Uid,Gid,OGamount,OGtotalprice)
            values(" + ogid + "," + oid + "," + uid + "," + gid + "," + gamount + "," + totalprice + ")";
      sqlarr[i] = temp;
      ogid ++;
   }
   sqlarr[vgoods. size()] = upsql;
   //执行该事务
   boolean flag = DBcart. batchSql(sqlarr);
   String msg = "";
   if(! flag) {
      msg = "对不起,订单提交失败!";
   }
   else {
      msg = "恭喜你,订单提交成功!";
   }
   //将收货人信息和 javaBean 对象设为空
   session. setAttribute("recMsg",null);
   session. setAttribute("mycart",null);
   pageForward(msg,request,response);
```

```
      }
    }
    else if( action. equals( "logout") ) {    //当用户注销登录时
      //将 session 失效
      request. getSession( true). invalidate( );
      response. sendRedirect( "index. jsp") ;
}
  else if( action. equals( "getDetail") ) {    //用户请求得到某商品的详细信息时
    //得到商品 ID
    String gid = request. getParameter( "gid"). trim( );
    String sql = "select Gimgurl, Gname, Gintro, Gclass, Gprice," +
        "Glook, Gid, Gbrief from goodsinfo where Gid = " + gid;
    //更新表中的浏览量
    String updatesql = "update goodsinfo set Glook = Glook + 1 where Gid = " + gid;
    DBcart. updateTable( updatesql) ;
    //得到该商品的详细信息
    Vector < String[ ] > vgoods = DBcart. getPageContent( 1, sql) ;
    request. setAttribute( "vgoods", vgoods) ;
    ServletContext sc = getServletContext( ) ;
    RequestDispatcher rd = sc. getRequestDispatcher( "/goodsdetail. jsp") ;
    rd. forward( request, response) ;
}
  else if( action. equals( "ordermanage") ) {    //点击管理时
    String oid = request. getParameter( "oid"). trim( );
    int id = Integer. parseInt( oid) ;
    //得到订单的基本信息
    String osql = "select Orecname, Orecadr, Orectel, Odate, Ostate, Oid from OrderInfo" +
        "where Oid = " + id;
    Vector < String[ ] > vorderinfo = DBcart. getInfoArr( osql) ;
    //得到订单中货物信息
    String ogsql = "select Gname, OGamount, OGtotalprice from GoodsInfo," +
        "OrderGoods where GoodsInfo. Gid = OrderGoods. Gid" +
        "and Oid = " + id;
    Vector < String[ ] > vordergoods = DBcart. getInfoArr( ogsql) ;
    request. setAttribute( "vorderinfo", vorderinfo) ;
    request. setAttribute( "vordergoods", vordergoods) ;
    String url = "/myordermodify. jsp" ;
    ServletContext sc = getServletContext( ) ;
    RequestDispatcher rd = sc. getRequestDispatcher( url) ;
    rd. forward( request, response) ;
}
  else if( action. equals( "orderGet") ) {    //某订单确认收货时
    String oid = request. getParameter( "oid") ;
    int id = Integer. parseInt( oid) ;
    String sql = "update OrderInfo set OGet = '已收货' where Oid = " + id;
    int i = DBcart. updateTable( sql) ;
    String msg = "" ;
    if( i == 1) {
      msg = "恭喜您,确认收货成功!" ;
    }
    else {
      msg = "对不起,确认收货失败!" ;
    }
```

```
        pageForward(msg,request,response);
    }
    else if(action.equals("orderDelete")) {    //删除某订单时
        String oid = request.getParameter("oid");
        int id = Integer.parseInt(oid);
        String[] str = new String[2];
        str[0] = "delete from OrderGoods where Oid = " + id;
        str[1] = "delete from OrderInfo where Oid = " + id;
        boolean flag = DBcart.batchSql(str);
        String msg = "";
        if(flag){
            msg = "恭喜您,订单删除成功!";
        }
        else{
            msg = "对不起,订单删除失败!";
        }
        pageForward(msg,request,response);
    }
}
public void pageForward(String msg,HttpServletRequest request,HttpServletResponse response)
    throws ServletException,IOException{
    request.setAttribute("msg",msg);
    String url = "/error.jsp";
    ServletContext sc = getServletContext();
    RequestDispatcher rd = sc.getRequestDispatcher(url);
    rd.forward(request,response);
    }
}
```

(5) 商品管理组件 AdminBean

```
package a;
public class AdminBean
{
    private int curPage = 1;
    private String sql;
    private int totalPage = 1;
    public int getCurPage()
    {    //得到用户当前页
        return this.curPage;
    }
    public void setCurPage(int curPage)
    {    //记录用户当前页
        this.curPage = curPage;
    }
    public void setSql(String sql)
    {
        this.sql = sql;
    }
    public String getSql()
    {
        return this.sql;
    }
```

```java
public int getTotalPage()
{
    return this.totalPage;
}
public void setTotalPage(int totalPage)
{
    this.totalPage = totalPage;
}
public String manageStr(String str)
{   //得到商品的信息说明
    String info = "";
    String[] msg = str.split("\\|");
    for(String temp:msg)
    {
        info = info + temp + " ";
    }
    return info;
}
}
```

（6）商品管理控制器 AdminServlet

```java
package a;
import javax.servlet.*;
import javax.servlet.http.*;
import java.io.*;
import java.util.*;
public class AdminServlet extends HttpServlet
{
    private static final long serialVersionUID = 1L;
    public void doGet(HttpServletRequest request,HttpServletResponse response)
            throws ServletException,IOException
    {
        this.doPost(request,response);
    }
    public void doPost(HttpServletRequest request,HttpServletResponse response)
            throws ServletException,IOException
    {   //设置编码格式
    request.setCharacterEncoding("GB18030");
    response.setContentType("text/html;charset = GB18030");
    response.setCharacterEncoding("GB18030");
    //拿到 session 对象
    HttpSession session = request.getSession(true);
    //拿到请求的动作
    String action = request.getParameter("action").trim();
    if(action.equals("login"))
    {   //管理员登录时
        //得到登录的用户名和密码
        String apwd = request.getParameter("apwd").trim();
        String aname = request.getParameter("aname").trim();
        String sql = "select Aid from AdminInfo where Aname = '" +
                aname + "' and Apwd = '" + apwd + "'";
        //判断该用户是否正确
```

```
    boolean flag = DBcart. isLegal( sql) ;
    if( flag) {    //管理员登录成功
        session. setAttribute( "admin" , aname) ;
        response. sendRedirect( "adminindex. jsp" ) ;
    }
    else {    //登录失败
        String msg = "对不起,登录失败,请重新登录!" ;
        String url = "/error. jsp" ;
            pageForward( msg, url, request, response) ;
    }
}
else if( action. equals( "logout" ) ) {    //管理员注销时
    //使 session 失效
    request. getSession( true) . invalidate( ) ;
    response. sendRedirect( "index. jsp" ) ;
}
else if( action. equals( "pageChange" ) )
{    //商品换页时
    AdminBean adBean = ( AdminBean) session. getAttribute( "adBean" ) ;
    if( adBean == null) {
        adBean = new AdminBean( ) ;
    }
    //得到请求的页面
    String curPage = request. getParameter( "curPage" ) ;
    if( curPage != null) {    //用户通过点击上,下一页按钮时
        int page = Integer. parseInt( curPage. trim( ) ) ;
        //记住当前页
        adBean. setCurPage( page) ;
    }
    else {    //当用户点击下拉列表框时
        String selPage = request. getParameter( "selPage" ) . trim( ) ;
        int page = Integer. parseInt( selPage) ;
        adBean. setCurPage( page) ;
    }
    String sql = adBean. getSql( ) ;
    //得到换页后页面的内容
    Vector < String[ ] > vgoods = DBcart. getPageContent( adBean. getCurPage( ) , sql) ;
        request. setAttribute( "vgoods" , vgoods) ;
    session. setAttribute( "adBean" , adBean) ;
    //forward 到修改的主页面
    String url = "/adminindex. jsp" ;
    ServletContext sc = getServletContext( ) ;
        RequestDispatcher rd = sc. getRequestDispatcher( url) ;
        rd. forward( request, response) ;
}
else if( action. equals( "search" ) ) {    //搜索商品时
    //得到 javaBean 对象
    AdminBean adBean = ( AdminBean) session. getAttribute( "adBean" ) ;
    if( adBean == null) {
        adBean = new AdminBean( ) ;
    }
    adBean. setCurPage( 1) ;
    //得到要搜索的信息并转码
```

```
String tsearch = request. getParameter("tsearch");
String cname = request. getParameter("cname");
String sql = "";
String sqlpage = "";
if( cname == null) {   //按输入的文字搜索时
    //得到搜索信息的 sql 和信息条数的 sql
    sql = "select Gimgurl,Gname,Gintro,Gclass,Gprice,Glook,Gid," +
        "Gdate from GoodsInfo where Gname like '%" + tsearch + "%'";
    sqlpage = "select count( * ) from GoodsInfo" +
            "where Gname like '%" + tsearch + "%'";
}
else {   //按类别搜索时
    cname = new String( cname. getBytes("ISO-8859-1"));
    //得到搜索类别信息的 sql 和信息条数的 sql
    sql = "select Gimgurl,Gname,Gintro,Gclass,Gprice,Glook,Gid," +
        "Gdate from GoodsInfo where Gclass = '" + cname. trim() + "'";
    sqlpage = "select count( * ) from GoodsInfo" +
            "where Gclass = '" + cname. trim() + "'";
}
adBean. setSql(sql);
//设置总页数
int totalpage = DBcart. getTotalPage( sqlpage);
adBean. setTotalPage( totalpage);
session. setAttribute("adBean",adBean);
//得到第一页的内容
Vector < String[ ] > vgoods = DBcart. getPageContent(1,sql);
if( vgoods. size() ==0)
{   //没有搜索到用户要找的商品
    String msg = "对不起,没有搜到你要的商品!";
    String url = "/error. jsp";
    pageForward( msg,url,request,response);
}
else {   //搜索到信息并返回
    request. setAttribute("vgoods",vgoods);
    String url = "/adminindex. jsp";
    ServletContext sc = getServletContext();
    RequestDispatcher rd = sc. getRequestDispatcher( url);
    rd. forward( request,response);
}
}
else if( action. equals("goodsManage")) {   //管理商品时
    //得到要修改或删除商品的 ID
    String gid = request. getParameter("gid"). trim();
    String sql = "select Gid,Gname,Gprice,Gamount,Gclass,Gdate,Gimgurl," +
            "Gintro,Gbrief from GoodsInfo where Gid = " + Integer. parseInt( gid);
    //得到该商品的信息
    Vector < String[ ] > vgoods = DBcart. getInfoArr( sql);
    request. setAttribute("vgoods",vgoods);
    ServletContext sc = getServletContext();
    RequestDispatcher rd = sc. getRequestDispatcher("/modifygoods. jsp");
    rd. forward( request,response);
}
else if( action. equals("addgoods")) {   //增加商品
```

```
    //接受新添加商品的各个属性
String gname = request. getParameter( "gname" ) . trim( ) ;
String gprice = request. getParameter( "gprice" ) . trim( ) ;
String gamount = request. getParameter( "gamount" ) . trim( ) ;
String gclass = request. getParameter( "gclass" ) . trim( ) ;
String gurl = request. getParameter( "gurl" ) . trim( ) ;
String gintro = request. getParameter( "gintro" ) . trim( ) ;
String gbrief = request. getParameter( "gbrief" ) . trim( ) ;
int gid = DBcart. getID( "GoodsInfo" , "Gid" ) ;
String sql = "" ;
if( ! gclass. equals( "" ) && ! gurl. equals( "" ) ) {    //均输入商品类别和图片 URL
    //组合成 sql 语句
    sql = "insert into GoodsInfo( Gid , Gname , Gprice ," +
        "Gamount , Gdate , Gclass , Gimgurl , Gintro , Gbrief)" +
        " values(" + gid + ",'" + gname + "'," + Double. parseDouble( gprice ) +
        "," + Integer. parseInt( gamount ) + ",now( ),'" + gclass +
        "','" + gurl + "','" + gintro + "','" + gbrief + "')" ;
}
else if( ! gclass. equals( "" ) && gurl. equals( "" ) ) {    //输入商品类别,但图片 URL 没有输入
    sql = "insert into GoodsInfo( Gid , Gname , Gprice ," +
        "Gamount , Gdate , Gclass , Gintro , Gbrief)" +
        " values(" + gid + ",'" + gname + "'," + Double. parseDouble( gprice ) +
        "," + Integer. parseInt( gamount ) + ",now( ),'" + gclass +
        "','" + gintro + "','" + gbrief + "')" ;
}
else if( gclass. equals( "" ) && ! gurl. equals( "" ) ) {    //输入图片 URL,但没有商品类别
    sql = "insert into GoodsInfo( Gid , Gname , Gprice ," +
        "Gamount , Gdate , Gimgurl , Gintro , Gbrief)" +
        " values(" + gid + ",'" + gname + "'," + Double. parseDouble( gprice ) +
        "," + Integer. parseInt( gamount ) + ",now( ),'" +
        gurl + "','" + gintro + "','" + gbrief + "')" ;
}
else {    //商品类别和图片 URL 均没有输入
    sql = "insert into GoodsInfo( Gid , Gname , Gprice ," +
        "Gamount , Gdate , Gintro , Gbrief)" +
        " values(" + gid + ",'" + gname + "'," + Double. parseDouble( gprice ) +
        "," + Integer. parseInt( gamount ) + ",now( ),'" + gintro + "','" + gbrief + "')" ;
}
//更新数据表
int i = DBcart. updateTable( sql ) ;
String msg = "" ;
if( i == 1 ) {
    msg = "恭喜您,商品添加成功!" ;
}
else {
    msg = "对不起,商品添加失败!" ;
}
pageForward( msg , "/error. jsp" , request , response ) ;
}
else if( action. equals( "modify" ) ) {    //修改商品信息
    //接受修改后商品的各个属性值
    String gid = request. getParameter( "gid" ) . trim( ) ;
    String gname = request. getParameter( "gname" ) . trim( ) ;
```

```
        String gprice = request. getParameter( "gprice" ). trim( );
        String gamount = request. getParameter( "gamount" ). trim( );
        String gclass = request. getParameter( "gclass" ). trim( );
        String gdate = request. getParameter( "gdate" ). trim( );
        String gurl = request. getParameter( "gurl" ). trim( );
        String gintro = request. getParameter( "gintro" ). trim( );
        String gbrief = request. getParameter( "gbrief" ). trim( );
        //将字符串转换为数值型
        int id = Integer. parseInt( gid );
        double price = Double. parseDouble( gprice );
        int amount = Integer. parseInt( gamount );
        //得到要更新的 Sql 语句
        String sql = "update GoodsInfo set gname = \" " + gname + "\" ," +
                "gprice = " + price + " ,gamount = " + amount + " ,gclass = '" +
                gclass + "' ,gdate = '" + gdate + "' ,gimgurl = '" + gurl + "' ," +
                "gintro = '" + gintro + "' ,gbrief = '" + gbrief + "' where gid = " + id;
        //执行更新
        int i = DBcart. updateTable( sql );
        String msg = " ";
        if( i == 1 )
        {
            msg = "恭喜您,商品修改成功!";
        }
        else
        {
            msg = "对不起,商品修改失败!";
        }
        pageForward( msg, "/error. jsp" ,request, response );
    }
    else if( action. equals( "delete" ) ) {    //删除商品
        //得到要删除商品的 ID
        String gid = request. getParameter( "gid" );
        //将 ID 转换为数值型
        int id = Integer. parseInt( gid );
        //当删除商品时,只将该商品数量置为 0
        String sql = "update GoodsInfo set gamount = 0 where Gid = " + id;
        int i = DBcart. updateTable( sql );
        String msg = " ";
        if( i == 1 ){
            msg = "恭喜您,商品修改成功!";
        }
        else{
            msg = "对不起,商品修改失败!";
        }
        pageForward( msg, "/error. jsp" ,request, response );
    }
    else if( action. equals( "orderPageChange" ) ) {    //订单换页时
        //得到 javaBean 对象
        AdminBean adBean = ( AdminBean ) session. getAttribute( "adBean" );
        if( adBean == null ) {
            adBean = new AdminBean( );
        }
        //接受参数
```

```
String curPage = request. getParameter("curPage");
String selPage = request. getParameter("selPage");
//设置当前页记录条数为10
DBcart. setSpan(10);
if(curPage!= null) {    //用户通过点击上,下一页按钮时
    int page = Integer. parseInt(curPage. trim());
    //记住当前页
    adBean. setCurPage(page);
}
else {    //当用户点击下拉列表框时
    int page = Integer. parseInt(selPage. trim());
    adBean. setCurPage(page);
}
//得到当前换页所执行的sql
String sql = adBean. getSql();
//得到换页后页面的内容
Vector < String[ ] > vorder = DBcart. getPageContent(adBean. getCurPage(),sql);
    request. setAttribute("vorder",vorder);
session. setAttribute("adBean",adBean);
//恢复记录跨度为2
DBcart. setSpan(2);
//forward 到修改的主页面
    String url = "/ordermanage. jsp";
ServletContext sc = getServletContext();
    RequestDispatcher rd = sc. getRequestDispatcher(url);
    rd. forward(request,response);
}
else if(action. equals("orderSearch")) {    //订单搜索
    //得到javaBean 对象
    AdminBean adBean = (AdminBean)session. getAttribute("adBean");
    if(adBean == null)
    {
        adBean = new AdminBean();
    }
    String txtsearch = request. getParameter("txtsearch");
    String type = request. getParameter("type");
    String sql = "";
    //将每页记录数定为10
    DBcart. setSpan(10);
    adBean. setCurPage(1);
    if(txtsearch!= null) {    //用户在文本框中输入内容搜索
        int oid = Integer. parseInt(txtsearch. trim());
        sql = "select Oid,Uname,Odate,Ostate from OrderInfo,UserInfo" +
            " where Oid = " + oid + " and OrderInfo. Uid = UserInfo. Uid";
        adBean. setSql(sql);
        //设置总页数
        adBean. setTotalPage(1);
    }
    else {
        String sqlpage = "";
        if(type. trim(). equals("all")) {    //查询所有订单
            sql = "select Oid,Uname,Odate,Ostate from OrderInfo,UserInfo" +
                "where OrderInfo. Uid = UserInfo. Uid";
```

```
        sqlpage = "select count( * ) from OrderInfo";
    }
    else if( type. trim( ). equals( "yes" ) ) {    //查询所有已发货订单
        sql = "select Oid, Uname, Odate, Ostate from OrderInfo, UserInfo" +
            "where Ostate = '已发货' and OrderInfo. Uid = UserInfo. Uid order by Oid";
        sqlpage = "select count( * ) from OrderInfo where Ostate = '已发货'";
    }
    else if( type. trim( ). equals( "no" ) ) {    //查询所有未发货订单
        sql = "select Oid, Uname, Odate, Ostate from OrderInfo, UserInfo" +
            "where Ostate = '未发货' and OrderInfo. Uid = UserInfo. Uid order by Oid";
        sqlpage = "select count( * ) from OrderInfo where Ostate = '未发货'";
    }
        int totalpage = DBcart. getTotalPage( sqlpage );
        adBean. setSql( sql );
        //记住当前总页数
        adBean. setTotalPage( totalpage );
}
session. setAttribute( "adBean" , adBean );
//得到第一页的内容
Vector < String[ ] > vorder = DBcart. getPageContent( 1 , sql );
    DBcart. setSpan( 2 );
if( vorder. size( ) == 0 ) {    //没有搜索到用户要找的商品
    String msg = "对不起,没有搜到你要查询的订单!";
    String url = "/error. jsp";
    pageForward( msg, url, request, response );
}
else {    //搜索到信息并返回
    request. setAttribute( "vorder" , vorder );
    String url = "/ordermanage. jsp";
    ServletContext sc = getServletContext( );
        RequestDispatcher rd = sc. getRequestDispatcher( url );
        rd. forward( request, response );
}
}
else if( action. equals( "ordermanage" ) ) {    //点击查看/管理时
    String oid = request. getParameter( "oid" ). trim( );
    int id = Integer. parseInt( oid );
    //得到订单的基本信息
    String osql = "select Orecname, Orecadr, Orectel, Odate, Ostate, Oid from OrderInfo" +
            "where Oid = " + id;
    Vector < String[ ] > vorderinfo = DBcart. getInfoArr( osql );
    //得到订单中货物信息
    String ogsql = "select Gname, OGamount, OGtotalprice from GoodsInfo," +
            "OrderGoods where GoodsInfo. Gid = OrderGoods. Gid" +
            "and Oid = " + id;
    Vector < String[ ] > vordergoods = DBcart. getInfoArr( ogsql );
    request. setAttribute( "vorderinfo" , vorderinfo );
    request. setAttribute( "vordergoods" , vordergoods );
    String url = "/ordermodify. jsp";
    ServletContext sc = getServletContext( );
    RequestDispatcher rd = sc. getRequestDispatcher( url );
    rd. forward( request, response );
}
```

```
else if( action. equals( "orderEnsure" ) ) {    //某订单确认时
    String oid = request. getParameter( "oid" );
    int id = Integer. parseInt( oid );
    String aname = ( String) session. getAttribute( "admin" );
    int aid = DBcart. getSelectId( "select Aid from AdminInfo where Aname = '" + aname + "'" );
    String sql = "update OrderInfo set Aid = " + aid + " , Ostate = '已发货' where Oid = " + id;
    String temp = "select Gid , OGamount from OrderGoods where Oid = " + id;
    Vector < String[ ] > vtemp = DBcart. getInfoArr( temp );
    String[ ] str = new String[ vtemp. size( ) + 1 ];
    for( int i = 0 ; i < vtemp. size( ) ; i ++ ) {
        String[ ] arr = vtemp. get( i );
        str[ i ] = "update GoodsInfo set Gamount = Gamount-" +
                Integer. parseInt( arr[ 1 ] ) + "  where Gid = " + arr[ 0 ];
    }
    str[ vtemp. size( ) ] = sql;
    boolean flag = DBcart. batchSql( str );
    String msg = " ";
    if( flag) {
        msg = "恭喜您,订单确定成功!";
    }
    else {
        msg = "对不起,订单确定失败!";
    }
    pageForward( msg,"/error. jsp" ,request,response );
}
else if( action. equals( "orderDelete" ) ) {    //删除某订单时
    String oid = request. getParameter( "oid" );
    int id = Integer. parseInt( oid );
    String[ ] str = new String[ 2 ];
    str[ 0 ] = "delete from OrderGoods where Oid = " + id;
    str[ 1 ] = "delete from OrderInfo where Oid = " + id;
    boolean flag = DBcart. batchSql( str );
    String msg = " ";
    if( flag) {
        msg = "恭喜您,订单删除成功!";
    }
    else {
        msg = "对不起,订单删除失败!";
    }
    pageForward( msg,"/error. jsp" ,request,response );
}
else if( action. equals( "changePwd" ) ) {    //修改密码时
    String aname = ( String) session. getAttribute( "admin" );
    String oldpwd = request. getParameter( "oldpwd" ) . trim( );
    String newpwd = request. getParameter( "firpwd" ) . trim( );
    String sql = "select Aid from AdminInfo where Aname = '" + aname +
            "' and Apwd = '" + oldpwd + "'";
    boolean flag = DBcart. isLegal( sql );
    String msg = " ";
    if( flag) {
        String temp = "update AdminInfo set Apwd = '" +
                newpwd + "' where Aname = '" + aname + "'";
        int i = DBcart. updateTable( temp );
```

```
       if(i==1){
          msg = "恭喜您,密码修改成功!";
       }
       else{
          msg = "对不起,密码修改失败!";
       }
       pageForward(msg,"/error.jsp",request,response);
   }
   else{
       msg = "对不起,旧密码输入有误!";
       pageForward(msg,"/error.jsp",request,response);
   }
}
else if(action.equals("adminManage")){    //管理员管理时
   String aname = (String)session.getAttribute("admin");
   String sql = "select Aid from admininfo where Aname = '" + aname
          + "'and Alevel = '超级'";
   boolean flag = DBcart.isLegal(sql);
   if(flag){
       session.setAttribute("level","超级");
       response.sendRedirect("adminmanage.jsp");
   }
   else{
       String msg = "对不起,您没有权限来进行管理!";
       pageForward(msg,"/error.jsp",request,response);
   }
}
else if(action.equals("adminAdd")){    //添加管理员
   String aname = request.getParameter("aname").trim();
   String apwd = request.getParameter("apwd").trim();
   int aid = DBcart.getID("AdminInfo","Aid");
   String temp = "select Aid from AdminInfo where aname = '" + aname + "'";
   boolean flag = DBcart.isLegal(temp);
   String msg = "";
   if(flag){
       msg = "对不起该用户已经存在!";
   }
   else{
       String sql = "insert into AdminInfo(Aid,Aname,Apwd,Alevel)" +
              "values(" + aid + ",'" + aname + "','" + apwd + "','普通')";
       int i = DBcart.updateTable(sql);
       if(i==1){
          msg = "恭喜您,管理员添加成功!";
       }
       else{
          msg = "对不起,管理员添加失败!";
       }
   }
   pageForward(msg,"/error.jsp",request,response);
}
else if(action.equals("adminDelete")){    //删除管理员
   String aid = request.getParameter("aid").trim();
   int id = Integer.parseInt(aid);
```

```
        String temp = "select Aid from AdminInfo where Aid = " + id + " and Alevel = '超级'";
        boolean flag = DBcart. isLegal(temp);
        String msg = "";
        if(! flag){
            String sql = "delete from AdminInfo where Aid = " + id;
            int i = DBcart. updateTable(sql);
            if(i == 1){
                msg = "恭喜您,管理员删除成功!";
            }
            else{
                msg = "对不起,管理员删除失败!";
            }
        }
        else{
            msg = "对不起,超级管理员不可以删除!";
        }
        pageForward(msg,"/error. jsp",request,response);
    }
    else if(action. equals("resetpwd")){     //重置密码时
        String aname = request. getParameter("aname"). trim();
        String apwd = request. getParameter("apwd"). trim();
        String temp = "select Aid from AdminInfo where aname = '" + aname + "'";
        boolean flag = DBcart. isLegal(temp);
        String msg = "";
        if(! flag){
            msg = "对不起,用户名输入错误!";
        }
        else{
            String sql = "update AdminInfo set Apwd = '" + apwd + "' where aname = '" + aname + "'";
            int i = DBcart. updateTable(sql);
            if(i == 1){
                msg = "恭喜您,密码重置成功!";
            }
            else{
                msg = "对不起,密码重置失败!";
            }
        }
        pageForward(msg,"/error. jsp",request,response);
    }
}
public void pageForward(String msg,String url,HttpServletRequest request,
        HttpServletResponse response)throws ServletException,IOException{
    request. setAttribute("msg",msg);
    ServletContext sc = getServletContext();
    RequestDispatcher rd = sc. getRequestDispatcher(url);
    rd. forward(request,response);
}
```

14.6.2　核心功能设计模块

(1) 前台框架设计模块

该页面主要由五部分组成,分别是页面的顶部(top. jsp)、用户的注册登录块(login. jsp)、商品的搜索块(spsearch)、商品的分类块(spclass. jsp)以及商品的显示块(splist. jsp),如表 14.1 所示。

表14.1　页面框架设计

top. jsp	
login. jsp	
spsearch. jsp	splist. jsp
spclass. jsp	

（2）用户功能模块

用户在浏览过程中,若要购物,则可能需要注册为商城的用户,此模块包括用户注册、用户登录、查看/修改用户信息及注销等,流程如图14.11所示。

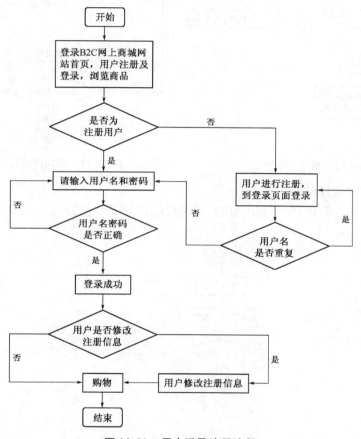

图14.11　用户登录注册流程

（3）购物车功能模块

购物车是前台客户端的一个非常重要的功能模块,用来存放用户所购买的商品。在用户的整个购物过程中,需要用数据库来记录用户的购物信息。主要实现用户对商品的购买,购物车中商品数量的修改,商品的删除、结账,以及购物车的清空等功能,流程如图14.12所示。

（4）用户提交订单模块

用户填写完收货人信息后,需要对用户订单进行确认。在订单确认页用户可以修改收货人信息,也可以对订单进行确认,流程如图14.13所示。

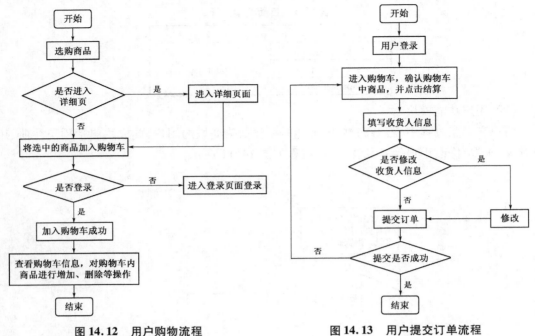

图 14.12　用户购物流程　　　　　图 14.13　用户提交订单流程

（5）用户订单管理模块

用户若要查看与管理订单，则需登录，此模块包括订单的查看、退单和确认收货的功能，流程如图 14.14 所示。

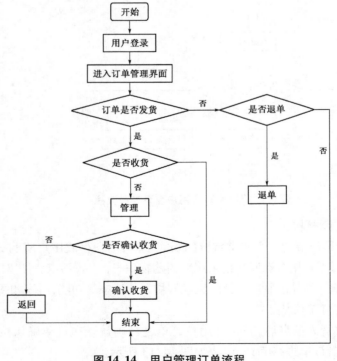

图 14.14　用户管理订单流程

（6）商品管理模块

本模块将会对商品的后台管理功能进行开发,其中包括商品的增、删、改、查,流程如图 14.15 所示。

（7）管理员管理模块

在整个后台管理中,每个管理员都有自己的权限,超级管理员只有一个。超级管理员不可以被删除,可以对其他管理员进行添加、删除、查看以及密码的重置,流程如图 14.16 所示。

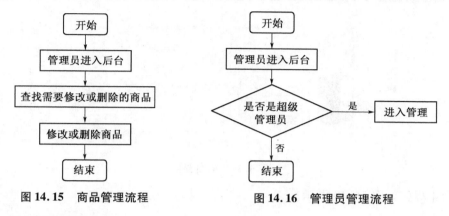

图 14.15　商品管理流程　　　　　图 14.16　管理员管理流程

（8）订单管理模块

本模块将对用户提交的订单进行处理,实现订单的查找、删除和发送功能,流程如图 14.17 所示。

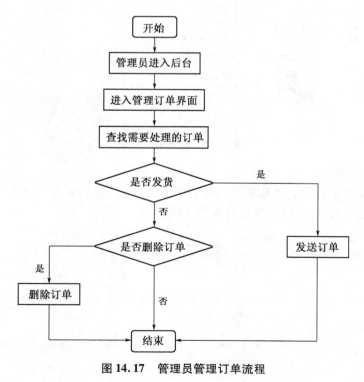

图 14.17　管理员管理订单流程

14.7　系统实现

系统通过 Servlet 把功能的实现独立出来,很大程度上简化了界面语言,网站前台主界面如图 14.18 所示。

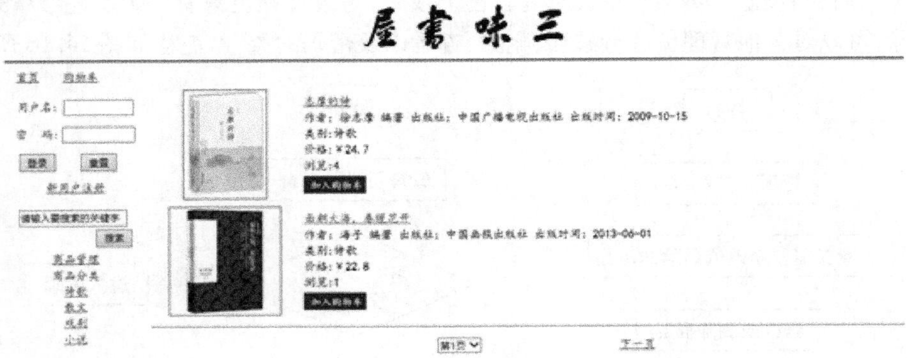

图 14.18　前台界面

后台主界面如图 14.19 所示。

图 14.19　后台管理界面

14.7.1　添加

系统中很多功能实质上都是添加,例如用户的注册,商品的添加,订单的提交,就是通过页面操作更新数据库,这里以用户注册为例,核心代码如下:

```
< % @ page import = "java. util. * ,a. CartBean" % >
< form action = "CartServlet" method = "post" name = "regform" >
  < table border = "0" >
  < tr height = "50" >
    < td > < font face = "楷体" size = "3" color = #004B97 >请填写你的用户名: </font > </td >
    < td > < input type = "text" name = "uname" size = "20"
      onblur = "checkUid( )" / > </td >
< td id = "uinfo" > < font face = "楷体" size = "2px" >用户名可以由小写英文字母、中文、数字组成。</font > </td >
  </tr >
  ……
```

```
< tr align = " center" >
  < td colspan = "2"  align = " right" > < input type = " button" name = " sub"
    value = " 注册"  onclick = " mfSub( )"  / >  < input type = " hidden" name = " action"
    value = " register"  / > < / td >
  < td > < a href = " javascript:history. back( )" > < font face = " 楷体"
    size = " 3"  color = #004B97 > 单击这里返回 < / font > < / a > < / td >
< / tr >
< / table >
< / form >
```

注册界面如图 14.20 所示。

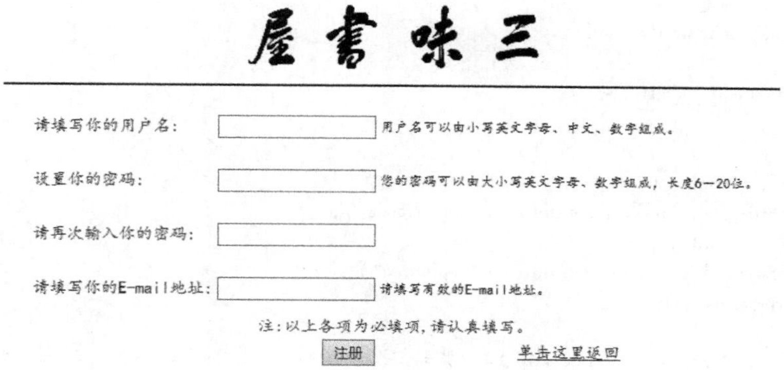

图 14.20　用户注册界面

注册过程中的提示界面如图 14.21 所示。

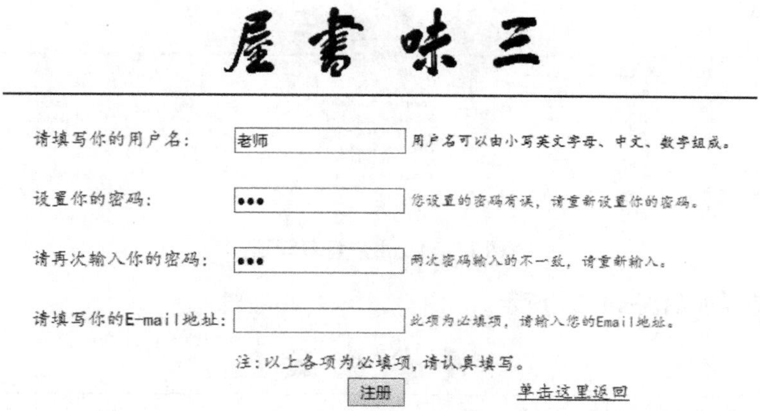

图 14.21　用户注册提示

当用户名相同时,返回错误信息,如图 14.22 所示。

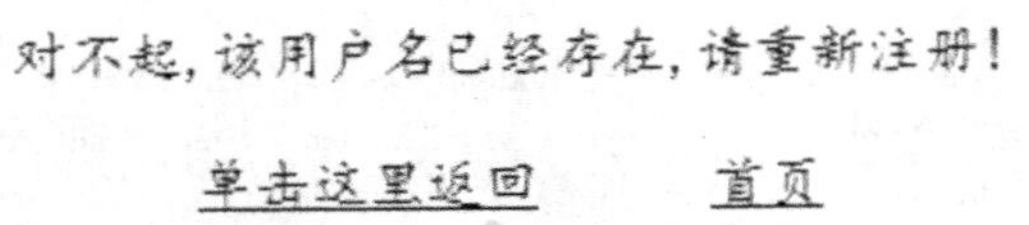
对不起，该用户名已经存在，请重新注册！
单击这里返回
首页

图 14.22　用户注册错误提示

14.7.2　删除

系统中很多功能实质上都是删除，管理员删除，用户退单，管理员删除订单，就是通过页面操作更新数据库，这里以管理员删除订单为例，核心代码如下：

```
< %@ page import = "java. util. * ,a. AdminBean" % >
< %
if( session. getAttribute( "admin" ) == null)
  {
    response. sendRedirect( "adlogin. jsp" ) ;
  }
  else{
    Vector < String[ ] > vordergoods =
          ( Vector < String[ ] > ) request. getAttribute( "vordergoods" ) ;
    Vector < String[ ] > vorderinfo =
          ( Vector < String[ ] > ) request. getAttribute( "vorderinfo" ) ;
    String[ ] str = vorderinfo. get(0) ;
% >
< a href = "AdminServlet? action = orderDelete&oid = < %= str[5] % >" > < font face = "楷体" size = "3" color = #004B97 >
订单删除 < /font > < /a >
< %
}
% >
```

订单管理界面如图 14.23 所示。

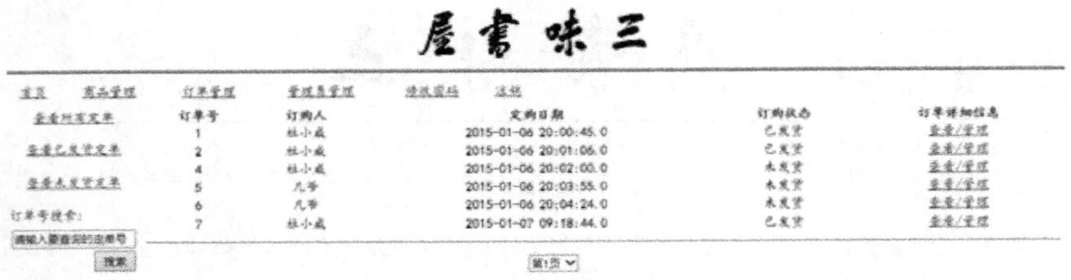
屋書味三

图 14.23　用户订单管理

查看/管理界面如图 14.24 所示。

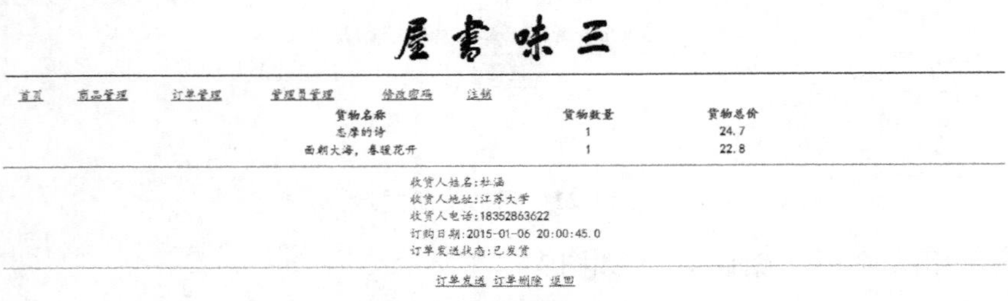
屋書味三

图 14.24　用户订单查看

14.7.3 修改

系统中很多功能实质上都是修改,用户信息修改,商品信息修改,管理员订单发送,管理员管理中的密码重置,管理员修改自己密码,商品删除(把库存改为零),用户确认收货,也是通过页面操作更新数据库,这里以用户信息修改为例,核心代码如下:

```
< % @ page import = " a. CartBean, a. DBcart, java. util. * " % >
< jsp:useBean id = " mycart"  class = " a. CartBean"  scope = " session" / >
< form action = " CartServlet"  method = " post"  name = " mfmodify" >
  < table >
    < %
    String uname = ( String) session. getAttribute( " user" ) ;
    String sql = " select Uname, Upwd, Uemail from UserInfo where Uname = '"
               + uname + "'" ;
    Vector < String[ ] > vuser = DBcart. getInfoArr( sql) ;
    String[ ] str = vuser. get( 0) ;
  % >
  < tr align = " center" >
    < td > < br / > < /br >  < font face = " 楷体"  size = "3"  color = #004B97 > 用户名: < /font > < /td >
    < td align = " left" > < br / > < br / > < font face = " 楷体"  size = "3" > < %= str[ 0]% > < /font > < /td >
  < /tr >
  ............
  < tr >
    < td align = " right" > < br / > < br / > < input type = " button"
    value = " 修改"  onclick = " check( )" / >  < input type = " hidden"  name = " action"
    value = " uinfomodify" / > < /td >
    < td align = " right" > < br / > < br / > < a
    href = " javascript:history. back( )" > < font face = " 楷体"  size = "3"
      color = #004B97 > 单击这里返回 < /font > < /a > < /td >
  < /tr >
  < /table >
< /form >
```

用户信息修改界面如图 14.25 所示。

图 14.25 用户信息修改

14.7.4 查询

系统中很多功能实质上都是查询,客户端及管理端的商品搜索及分类查看,管理员订单中的订单号查询及按是否发货查询,也是通过页面操作更新数据库,这里以客户端的商品搜索为例,核心代码如下:

```
< % @ page import = " java. util. * , a. CartBean" % >
< form name = " mfsearch" method = " post"  action = " CartServlet" >
  < table border = " 0"  width = " 80% " >
    < tr >
      < td >
        < input type = " text" id = " tsearch" name = " tsearch" value = " 请输入要搜索的关键字" onfocus = " txtclear( )"/ >
      </ td >
    </ tr >
    < tr >
      < td align = " right" >
        < input type = " hidden" name = " action" value = " search"/ >
        < input type = " button" id = " bsearch" name = " bsearch" value = " 搜索" onclick = " tijiao( )"/ >
      / td >
    </ tr >
  </ table >
</ form >
```

搜索功能如图 14.26 所示。

如输入如图 14.27 所示内容,查询出包含该关键词的商品,如图 14.28 所示。

图 14.26　用户搜索　　　　　　　　图 14.27　用户输入

图 14.28　用户搜索结果

14.7.5　注销

注销包含用户的注销和管理员的注销,这里以用户注销为例,核心代码如下:

```
< % @ page import = " java. util. * , a. CartBean, a. DBcart" % >
out. println( " < a href = 'CartServlet?  action = logout' > < font face = '楷体' size = '3' color = '#004B97' > 注销 </ font > </ a
>" ) ;
```

用户登录成功后,显示如图 14.29 所示信息。

注销后结果显示如图 14.30 所示。

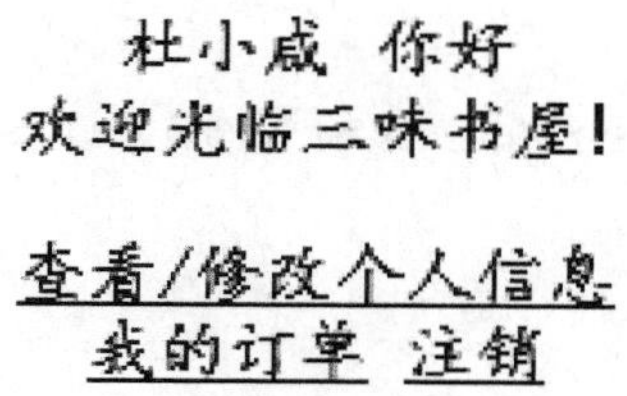

杜小咸　你好
欢迎光临三味书屋！

查看/修改个人信息
我的订单　注销

图 14.29　用户登录成功

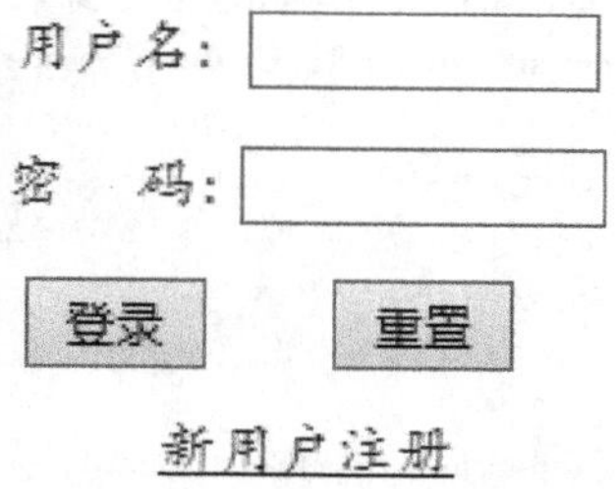

用户名：

密　码：

登录　　重置

新用户注册

图 14.30　用户注销成功

14.7.6　加入购物车

加入购物车分为在主界面加入购物车和在详细信息中加入购物车,并且如果商品库存为零则无法加入购物车,核心代码如下:

```
< % @ page import = " a. CartBean,a. DBcart,java. util. * " % >
< %
Vector < String[ ] > vgoods = ( Vector < String[ ] > ) request. getAttribute( "vgoods" ) ;
for ( int i = 0 ; i < vgoods. size( ) ; i + + ) {
String[ ] str = vgoods. get( i ) ;
String temp = " select Gamount from goodsinfo where Gamount < 1 and Gid = " + str[ 6 ] ;
boolean flag = DBcart. isLegal( temp ) ;
if ( ! flag ) {% >
< a href = " CartServlet?  action = buy&flag = 0&gid = < %= str[ 6 ]% > " >
< img src = " D:/workspace/sanweishuwu/img/other/buy. jpg" border = "0" / > </ a >
< % | else | % >
< font face = '楷体' size = 3' color = red > 缺   货 </ font >
< % |% >
```

主界面商品显示如图 14.31 所示。

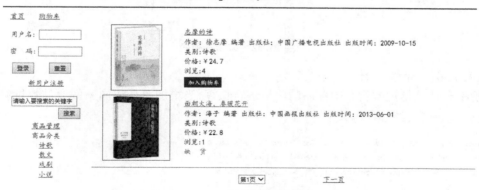

图 14.31　商品显示列表

14.7.7　购物车页面

购物车是 JavaBean 实例化的,如果没有商品显示还未购买商品,如果有则显示出所有商品,数量及价格等信息,核心代码如下:

```
< % @ page import = " java. util. * ,a. CartBean" % >
< jsp:useBean id = "mycart" class = "a. CartBean" scope = "session"/ >
< %
if ( mycart. getCart( ). size( ) ==0) {
out. println(" < b > < font face = '楷体' size = '3' color = #004B97 >你还没有购买商品! </font > </b >");
} else {
% >
< %
Vector < String[ ] > vgoods = mycart. getCartContent( );
int i =0;
for ( String[ ] arr:vgoods ) {
i ++ ;
% >
< form action = "CartServlet" method = "post"
  onsubmit = "return checkNum( document. all. gnum < %= arr[3]% > . value) ;" >
  < table >
    < tr >
      < td > < input type = "text" id = "gnum < %= arr[3]% > " name = "gnum"
        value = " < %= arr[2]% > " size = "10" / > < input type = "submit" value = "修改"/ >
        < input type = "hidden" name = "gid" value = " < %= arr[3]% > "/ >
        < input type = "hidden" name = "action" value = "changeNum"/ > </td >
    </tr >
  </table >
</form >
< % }% >
```

购物车界面如图 14.32 所示。

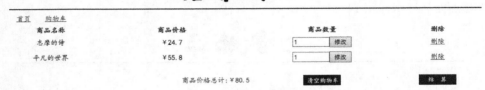

图 14.32　购物车列表

14.7.8　价格合计

价格合计就是把购物车中商品的价格进行核算,当增加商品或同一件商品数量修改时,价格会自动改变,核心代码如下:

```
< jsp:useBean id = "mycart" class = "a. CartBean" scope = "session"/ >
< td align = "right" > < font face = "楷体" size = "3" color = #004B97 >
商品价格总计:¥ < %= mycart. getAccount( )% > </font > </td >
```

合计后商品价格如图 14.33 所示。

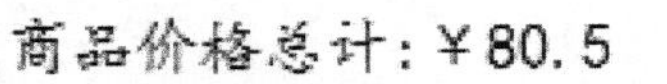

商品价格总计:¥80.5

图 14.33　商品价格合计

14.7.9 数量修改

数量修改实质上是一个改变购物车中商品数量的功能,其中涉及从数据库判断库存是否足够的过程,而点击结算时同样需要这样一个过程,因为结算时时间变化可能库存已经改变,这里以购物车中商品数量的修改为例,核心代码如下:

```
< form action = "CartServlet" method = "post"
onsubmit = "return checkNum( document. all. gnum < % = arr[3]% > . value ) ;" >
 < table > < tr >
      < td > < input type = "text" id = "gnum < % = arr[3]% > " name = "gnum"
      value = " < % = arr[2]% > " size = "10" / > < input type = "submit" value = "修改"/ > < input
      type = "hidden" name = "gid" value = " < % = arr[3]% > " / > < input type = "hidden"
      name = "action" value = "changeNum" / > < /td >
 < /tr > < /table >
< /form >
```

数量修改后,如图 14.34 所示。

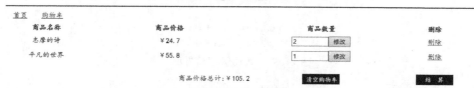

图 14.34 商品修改

14.7.10 购物车清空

一键删除购物车中的所有商品,点击清空购物车即可回到空购物车的页面,核心代码如下:

```
< td align = "center" > < a
href = "CartServlet? action = deleteAll" >
< img src = "D:/workspace/sanweishuwu/img/other/clear. jpg" border = "0"/ >
< /a > < /td >
```

清空后的界面显示如图 14.35 所示内容。

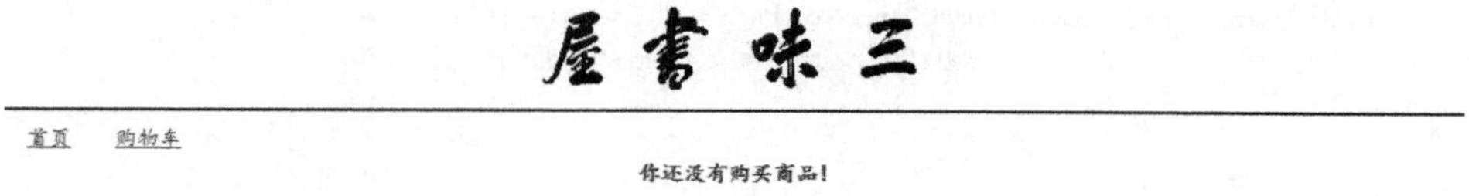

图 14.35 清空购物车

14.7.11 权限管理

即只有管理员能够管理其他管理员,并且管理员不能够被删除。核心代码如下:

```
< %
if ( session. getAttribute( "admin" ) == null || session. getAttribute( "level" ) == null ) {
    response. sendRedirect( "adlogin. jsp" ) ;
} else {……}
```

% >

超级管理员界面如图 14.36 所示。

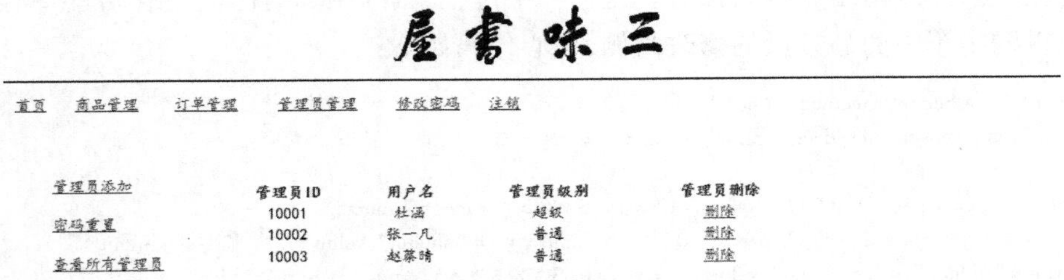

屋書味三

| 首页 | 商品管理 | 订单管理 | 管理员管理 | 修改密码 | 注销 |

管理员添加		管理员ID	用户名	管理员级别	管理员删除
密码重置		10001	杜涵	超级	删除
		10002	张一凡	普通	删除
查看所有管理员		10003	赵慕晴	普通	删除

图 14.36　超级管理员界面

普通管理员界面如图 14.37 所示。

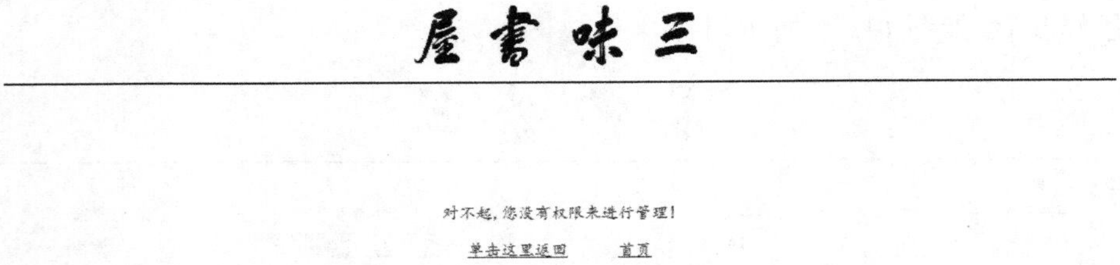

屋書味三

对不起,您没有权限来进行管理!

单击这里返回　　首页

图 14.37　普通管理员界面

14.7.12　分页

在整个系统中实现了多处分页,包括客户端和管理端的商品浏览,管理端的订单管理等,这里以前台的商品列表为例,核心代码如下:

```
< % @ page import = " a. CartBean, a. DBcart, java. util. * " % >
< tr align = " center" >
  < %
    int curPage = mycart. getCurPage( ) ;
    int totalPage = mycart. getTotalPage( ) ;
% >
< td align = " right" >
  < %
  if ( curPage > 1 ) {
  % >  < a href = " CartServlet?  action = pageChange&curPage = < % = curPage-1% > " >
  < font face = " 楷体" size = "3" color = #004B97 > 上一页 </ font > </ a >
  < % } % >
</ td >
< td >
  < form action = " CartServlet" method = " post" >
    < table >
      < tr >
        < td align = " center" width = "200" > < select
        onchange = " this. form. submit( )" name = " selPage" >
        < %
          for ( int i = 1; i < = totalPage; i ++ ) {
            String flag = " " ;
            if ( i == curPage ) {
```

```
                flag = " selected " ;
            | % >
                < option value = " < % = i% > "  < % = flag% >  >
                第 < % = i% > 页
                </ option >
            < % | % >
        </ select >  < input type = " hidden "  name = " action "  value = " pageChange "  / > </ td >
        </ tr >
    </ table >
  </ form >
</ td >
< td align = " left "  width = " 40% " >
  < % if ( curPage < totalPage ) | % >
  < a href = " CartServlet?  action = pageChange&curPage = < % = curPage + 1% > " >
  < font face = " 楷体 "  size = " 3 "  color = #004B97 > 下一页 </ font > </ a >  < %
  | % >
  </ td >
</ tr >
```

第一页的显示界面如图 14.38 所示。

志摩的诗
作者：徐志摩 编著 出版社：中国广播电视出版社 出版时间：2009-10-15
类别：诗歌
价格：￥24.7
浏览：6
加入购物车

面朝大海，春暖花开
作者：海子 编著 出版社：中国画报出版社 出版时间：2013-06-01
类别：诗歌
价格：￥22.8
浏览：2
缺 货

第1页 ∨ 　　　　　　下一页

图 14.38　商品首页界面

点击下一页或者选择下拉框中的第二页后的显示如图 14.39 所示。

林清玄散文精选
作者：林清玄 编著 出版社：浙江文艺出版社 出版时间：2014-07-01
类别：散文
价格：￥80
浏览：0
加入购物车

文化苦旅
作者：余秋雨 编著 出版社：长江文艺出版社 出版时间：2014-04-01
类别：散文
价格：￥27.4
浏览：0
加入购物车

上一页　　　　第2页 ∨ 　　　　下一页

图 14.39　下一页界面

参 考 文 献

1. 石志国. JSP 应用教程. 北京：清华大学出版社,北京交通大学出版社,2004

2. 王林玮. 精通 JSP 开发应用. 北京：清华大学出版社,2012

3. 朱庆生. Java 程序设计. 北京：清华大学出版社,2011

4. 谭浩强. Java 编程技术. 北京：人民邮电出版社,2003

5. 飞思科技产品研发中心. JSP 应用开发详解. 北京：电子工业出版社,2004

6. 廖若雪. JSP 高级编程. 北京：机械工业出版社,2001

7. 刘晓华. JSP 应用开发详解. 北京：电子工业出版社,2007

8. 王诚梅. JSP 案例开发集锦. 北京：电子工业出版社,2005

9. 梁建武. JSP 程序设计应用教程. 北京：中国水利水电出版社,2007

10. 王国辉. JSP 数据库系统开发案例精选. 北京：人民邮电出版社,2006

11. 鲍永刚. SQL 语言及其在关系数据库中的应用. 北京：科学出版社,2006

12. 宋波. Java 应用设计. 北京：人民邮电出版社,2002

13. 崔洋. MySQL 数据库应用从入门到精通. 北京：中国铁道出版社,2013